“十三五”国家重点出版物出版规划项目

量子科学出版工程（第二辑）

国家出版基金项目
NATIONAL PUBLICATION FOUNDATION

A Brief Introduction to

Quantum Information

for Everyone to Understand the New
Scientific Revolution

袁岚峰　著

量子信息简话

给所有人的新科技革命读本

中国科学技术大学出版社

内 容 简 介

量子信息是当今世界的热点研究领域之一，同时也是科普的难点领域之一。本书从普通读者的认知角度出发，先介绍量子是什么以及较为容易理解的量子精密测量，然后讲量子力学的"三大奥义"，再讲量子计算和量子通信，不仅保持了科学的严谨性，而且实现了很高的趣味性，让读者了解量子信息的大图景。针对公众对量子信息的常见误解或者质疑，给出明确的答复。对于有一定知识门槛的内容特别是一些数学材料，将其设置为选读内容，基础薄弱的读者可以跳过而并不影响理解全书，勤于思考、好奇心旺盛的读者则可以从这些选读内容中获得更多的妙处。

作者以其独特的语言风格，在科学的各领域之间乃至哲学、历史与文学之间纵横钩沉，并介绍了很多从事科普工作的经验和心得。相信这本兼具广度和深度的图书对我国的量子信息科普以至整个科普事业都将发挥里程碑式的作用。本书适合关心量子科技的读者阅读，包括小学生、中学生、大学生、研究生，其他领域的科研、教育、科普工作者，以及各行各业的专业人士。任何对科学感兴趣的人都可望从中得到收获。

图书在版编目(CIP)数据

量子信息简话：给所有人的新科技革命读本/袁岚峰著. —合肥：中国科学技术大学出版社，2021.3(2022.3 重印)
(量子科学出版工程. 第二辑)
国家出版基金项目
"十三五"国家重点出版物出版规划项目
ISBN 978-7-312-05188-3

Ⅰ. 量… Ⅱ. 袁… Ⅲ. 量子力学—信息技术—普及读物 Ⅳ. O413.1-49

中国版本图书馆 CIP 数据核字(2021)第 054390 号

量子信息简话：给所有人的新科技革命读本
LIANGZI XINXI JIANHUA：GEI SUOYOU REN DE XIN KEJI GEMING DUBEN

出版	中国科学技术大学出版社
	安徽省合肥市金寨路 96 号,230026
	http://press. ustc. edu. cn
	http://zgkxjsdxcbs. tmall. com
印刷	合肥华苑印刷包装有限公司
发行	中国科学技术大学出版社
经销	全国新华书店
开本	787 mm×1092 mm　1/16
印张	15.25
字数	256 千
版次	2021 年 3 月第 1 版
印次	2022 年 3 月第 4 次印刷
定价	80.00 元

序

    作为量子力学与信息科学的交叉学科，量子信息是目前国际物理学前沿非常活跃的研究领域之一，近年来也得到了公众的广泛关注。由于量子力学所描述的微观世界规律与人们的日常生活经验有很大的不同，广大公众虽然对量子信息充满兴趣，但往往很快就陷入似懂非懂的境地。例如，即使是"量子是什么"这样一个最基础的问题，都不容易向公众解释清楚。因此，在从事研究工作的同时，如何更好地进行量子信息的科普一直为我们所关注。

    在这样的背景下，我非常高兴地向大家推荐袁岚峰博士所著的这本《量子信息简话》。2015年以来，他做了大量的科学传播工作，获得了较高的社会知名度与赞誉，例如他曾经入选"典赞·2018科普中国"十大科学传播人物等。他高质量地介绍过很多领域的科学知识，对量子信息尤为关注。袁岚峰博士利用自己的语言优势，对于很多时候难以向公众解释清楚的问题，使公众在听了他的演讲后往往会从另一个角度增加理解。

    袁岚峰的专业并不是量子信息，而是理论与计算化学。这个领域的理论基础就是量子力学，所以他对量子力学很熟悉。虽然他本身不是量子信息专业出身，但是为了准确了解这一领域，他研读了许多量子信息教科书和论文，结识了包括我们实验室许多骨干在内的全国从事量子信息研究的优秀学者，通过经常性交流，力求准确无误地掌握相关知识点，并且传达给读者正确的大图景。这种认真严谨的精神，令我们深为感动，我们也深以中国科学技术大学有这样的同事为荣。再考虑到学校从来没有给他分派过这样的任务，他完全是出于对科学的兴趣和对社会的责任感做这些事，就更加令人感佩。

袁岚峰对量子信息的科普不仅保持了科学的严谨性，而且体现了很强的趣味性，这是相当难能可贵的。他有一套充满自身特色的语言风格，在科学的各个领域以至哲学、历史与文学之间纵横钩沉，广泛建立联系，令人印象深刻。不同知识背景的读者，都可以从中得到营养。

甚至在材料的选取中，都能看出他的匠心独运。例如，在我们这些量子信息专业的工作者看来，本书的章节顺序是非常不同寻常的：先把量子精密测量作为一章，然后回头讲量子力学原理，再讲量子计算，最后讲量子通信。在量子通信中，又是先讲量子隐形传态，后讲量子密钥分发。这跟常见的按照学科自然顺序排列的讲法，即量子力学原理、量子通信、量子计算、量子精密测量的顺序，真是大为不同。为什么本书会采取这种讲法？这可能是让没有基础的读者能够循序渐进、由浅入深地理解的一种新方式。

量子力学原理理解起来有一定的难度，尤其是要用到不少数学。如果一上来就讲叠加、测量、纠缠，讲量子比特和狄拉克符号，许多读者可能就直接放弃了。而量子精密测量是相对而言最容易理解的，任何人都能理解提高测量精度的效用。即使不了解量子精密测量的工作原理，也会很自然地认可它的价值，让读者愿意在接受量子力学的正确性和量子信息的应用价值的前提下读下去。

本书还有一大为读者考虑的创造性做法，就是把大量的有一定知识门槛的材料作为选读内容。缺乏基础的读者，完全跳过这些选读内容也能读下去，不影响对后文的理解。而勤于思考、好奇心旺盛的读者，可以尽量去读这些选读内容。他们会从中发现不少妙处，启发进一步的思考与阅读。这是因材施教的好做法。

综上所述，我愿意向大家热情推荐袁岚峰博士的这本《量子信息简话》，相信它对我国的量子信息科普以至整个科普事业都将发挥重要作用。

ii　量子科学出版工程（第二辑）
Quantum Science Publishing Project（Ⅱ）

量子信息简话：给所有人的新科技革命读本
A Brief Introduction to Quantum Information：for Everyone to Understand the New Scientific Revolution

前　言

　　近年来,"量子"成了人们日常生活中经常见到的科技词汇之一。许多人都对它充满兴趣,但是又感觉云里雾里。这是因为量子科技在本质上就是比较抽象、比较复杂的,不像高铁、飞机、桥梁、大坝等工程成就一样一望可知。即使在大学物理专业,量子力学也是高年级的课程,许多同学还学得晕头转向。所以要让公众明白,当然就更难了。

　　虽然它很难,但我要做的就是这件事情。希望本书能让大家有所收获。

　　我想传递给读者的一个基本的大图景是:媒体提到的量子科技大部分时候指的是"量子信息",它是一个蓬勃发展的研究领域,是学术界的主流而不是偏门,全世界有大量的科研人员投身于此。人们普遍认为,**量子信息跟可控核聚变、人工智能并列,属于有潜力改变世界的战略性科技。**

　　另一个基本的大图景是:**量子信息是极少数的中国处于领跑地位的大的科技领域之一。**

　　如果看我国的科技新闻,当然可以看到大量的成果。但仔细研究一下就会发现,其中大部分都是在追赶,都是别人已经做到了某件事,现在我们也做到了。这就是所谓"me too(我也行)"型的研究。这当然也是有意义的,但光靠这种追赶型的成果永远不可能成为领先者。

　　我国只有少数的研究成果是领跑的,即率先做到某件事。然而其中大部分又是通过"加限定词"做到的,如条件 A、B、C、D 下第一个做到某件事。如果 A、B、C、D 还不够,那再加个 E。只要你的领域足够细分,那么你总能找到超越前人的地方,因为谁都不可能穷尽所有情况。爱因斯坦有一句名言:"我不能容忍这样的科学家,他拿出一块木板来,寻找最薄的地方,然后在那里钻许多洞。"但其实很多科学工作者正是这么做的,"人艰不拆"啊!

然而在量子信息领域却不是这样。中国在这个领域的领跑都是在主干道上,是所有人都想做的,而不是通过加一堆限定词实现的。例如,中国2016年发射的"墨子号"(图0.1)是全世界第一颗实现星地之间量子保密通信的卫星,而且到本书出版时仍然是唯一的一颗。再如,中国2020年造出的"九章"(图0.2)是目前全世界对传统计算机优势最大的量子计算机。这些都是所有科技强国在努力追求的重大目标。

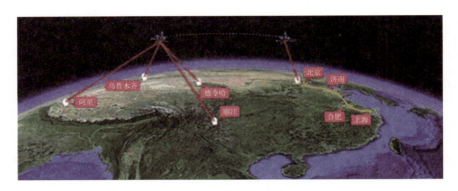

图0.1 "墨子号"量子科学实验卫星

图0.2 "九章"量子计算机实物图

下面,我来向大家介绍一下我跟量子信息的奇妙缘分。其实,我的第一篇科普文章就是因它而起的。

2015年3月,有一个轰动的大新闻。许多媒体报道说,中国科学技术大学潘建伟研究组实现了量子瞬间传输技术的重大突破,好比电影《星际迷航》里的传送术(图0.3)。读者们都很开心,但最常见的评论是"不明觉厉"。

iv 量子科学出版工程(第二辑)
Quantum Science Publishing Project (Ⅱ)

量子信息简话:给所有人的新科技革命读本
A Brief Introduction to Quantum Information:for Everyone to Understand the New Scientific Revolution

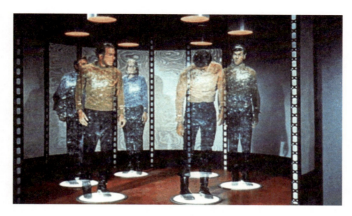
图 0.3　电影《星际迷航》中的传送术

　　刚好,我对此有些了解。我们实验室有一位领导说过,现在量子信息这个学科发展得很快,大家应该去学习一下,寻找合作机会。所以我知道这个成果的专业名称是"多个自由度的量子隐形传态",属于量子通信的领域。我调研了一些资料,咨询了潘建伟研究组的陈腾云博士,然后写了一篇听起来很像标题党的文章,叫《科普量子瞬间传输技术,包你懂!》,发在我的微博上。

　　这篇文章发出来之后,反响出乎意料。我当时只有 8000 多粉丝,转发和评论却如潮水般涌来,以至于我看转发的速度都赶不上转发增加的速度。很多微博上的"大 V"朋友,都是在那时关注的我。为什么这样一篇文章有这么大的反响? 后来我才明白,因为我替一个群体解决了一个问题。

　　这个群体是哪些人呢? 就是对量子通信感兴趣的传统通信工作者。他们听说了量子通信很重要,都想去学习,但一学起来就发现很难搞明白。

　　有人看量子信息的教科书,但因为没学过量子力学,完全看不明白。那么看网上的科普文章呢? 那就更不明白了,因为里面有很多玄而又玄的说法。例如说量子通信是超光速的,这简直像天崩地裂——推翻了几十年来所学的基本常识,令他们产生了极大的不安全感。他们看了我的文章后,终于获得了安全感——原来量子通信不超光速! 它是很正常的东西,完全符合物理原理。

　　这篇文章就这样把我带上了科普之路,朋友们鼓励我继续写,甚至立刻就有总参谋部的技术部门请我去讲量子信息。我原本对量子信息只知道一鳞半爪,这下只好去系统地学习一遍。我在一个月之内,读完了这个领域的经典教材《量子计算和量子信息》。甚至连讲课的课件,都是在火车上写的。虽然如此匆忙,也有不少技术专家们提的问题我还没有搞清楚(如量子密码究竟是如何实现的),但朋友后来告诉我,这次讲课整体上很成功,各地的反映都很积极(讲课在总部,同时向全国各地的技术中心直播),对我军了解量子信息发挥了作用。

2016 年 8 月 16 日,中国发射了量子科学实验卫星"墨子号"。这令公众对量子信息产生了强烈的关注,许多媒体来找我采访,大大促进了我的科学传播工作。就这样,我很奇妙地成了一个媒体眼中的量子信息专家。

实际上,我并不是量子信息的研究者,我的专业是"理论与计算化学"。不过,这门学科的理论基础就是量子力学,所以我对量子信息中的量子力学部分很熟悉。我需要学习的是其中信息科学的部分,这跟传统通信专业的朋友们正好相反。

一个对我最有利的外部条件,是中国科学技术大学(简称中国科大)就是全国乃至全世界的一个量子信息研究中心。中国科大的潘建伟院士、郭光灿院士、杜江峰院士的研究组,都取得了很多重要的量子信息研究成果。媒体经常报道的量子信息新闻,很大部分就来自这些研究组的科研成果。因此,我找这些同事们咨询十分方便,他们也很高兴通过我把真实的、深入的信息传播出去。

例如前面提到的"量子密码究竟是如何实现的"这个问题,就是我在"墨子号"发射后跟陆朝阳教授通话时弄明白的。媒体往往报道,量子密码是用量子纠缠实现的,以至于在关心这方面新闻的外行看来,这几乎成了常识。但实际上并不是这样,量子密码完全可以不用量子纠缠,每次只发一个光子就行了。这种纠正普遍性错误的信息,是只有跟一线研究者交流才能获得的。

因此,我的量子信息科普文章对许多人来说就像一股清流,让他们真正理解了很多科学道理。例如 2017 年,新浪科技"科学大家"栏目邀请我写了一篇 4 万字的长文《你完全可以理解量子信息》。包括科技部领导、安徽省委省政府领导在内的很多人,都非常喜欢这篇文章,甚至把它打印、装订成册来阅读。

不过,我一直都没有正式出版一本书,虽然中国科大出版社早就跟我约定了这件事。这是因为我自己感觉对量子信息的了解还不够,对读者的理解还不够,还不知道如何最好地组织内容和顺序。实际上,在我看来,**科普的关键是要想清楚几个问题:你的读者是什么人,他们知道什么、不知道什么、想知道什么,你知道什么,你想传递给他们的最有价值的信息是什么,以什么形式传递。**

经过这些年的积累和交流,尤其是多次给各种背景的学员讲课,通过他们的反馈,我逐渐加深了认识。最近,我觉得可以着手来写这本书了。当然,不足之处肯定还有很多。不过"最好是好的敌人",先把基本内容写出来,以后在读者和专家的反馈中逐渐改进,我想这也是正确的态度。

本书将力求让没有基础的读者也能有许多收获。同时,为了满足想了解更多的读者,本书设置了若干个"盒子",把选读内容放在其中。如果看不明白"盒子"中专业性较强的内容,请不要气馁,完全跳过这些"盒子"也不会影响对前后文的理解。通过这样的设置,读者只需要中学甚至小学的数学水平,就足以看懂本书的大部分内容。而无论水平多高的读者,也都能在书中发现意料之外的收获。书中还有一些调侃性的语言,放在小括号里,相信读者会会心一笑。

这些年来,有若干位量子信息的一线研究者和运营者为我提供了很多深入的信息,我非常感谢他们,例如中国科大陆朝阳教授、陈宇翱教授、张强教授、陈腾云研究员、张文卓博士、彭新华教授、徐飞虎教授、苑震生教授、朱晓波教授、印娟教授、郭国平教授、刘乃乐教授、刘洋博士、曹原博士,清华大学王向斌教授、马雄峰博士,北京理工大学尹璋琦教授,中国科学院信息工程研究所杨理研究员,北京量子信息科学研究院金贻荣研究员,云南大学陈清研究员,以及科大国盾量子技术股份有限公司总裁赵勇博士等人。特别感谢国科量子通信网络有限公司总裁戚巍博士提供"京沪干线"运营情况的资料。

我也非常感谢我的博士生导师朱清时院士和杨金龙院士。他们十分支持我的科普工作,提供了很多建议和指导。

还有，前面提到的建议我们去学习量子信息的实验室领导，就是时任中国科大校长、现任中国科学院院长的侯建国院士。从我读博士的时候起，侯老师的实验组就和我们的理论组紧密合作，一起发了很多文章。侯老师一直是我的良师益友，我非常感谢他的这个关键建议。

　　十分感谢墨子沙龙和谢耳朵科学漫画工作室，他们介绍量子信息的漫画令读者受益匪浅，惠允本书使用的几幅漫画也令本书增色许多。本书的部分图片来自网络，版权归原著作权人所有，如有版权问题，请与我们联系。也十分感谢中国科大出版社的编辑，他们的韧性、创造力和专业精神对本书的出版发挥了不可或缺的作用。

　　最后，本书如有缺点、错误，当然都由作者负责，欢迎大家指正。量子信息这个学科在迅速发展，我们也希望在每一次修订中都能带给读者更新、更全面的图景。愿这大时代，点亮你心中的梦想！

Ⅷ　**量子科学出版工程(第二辑)**
Quantum Science Publishing Project (Ⅱ)

量子信息简话：给所有人的新科技革命读本
A Brief Introduction to Quantum Information：for Everyone to Understand the New Scientific Revolution

目　　录

量子科学出版工程(第二辑)
Quantum Science Publishing Project(Ⅱ)

量子信息简话:给所有人的新科技革命读本
A Brief Introduction to Quantum Information:for Everyone to Understand the New Scientific Revolution

第1章 "量子"是什么？

1.1 "量子"成为热词

近年来，你肯定看到了越来越多与"量子"有关的科技新闻。

2016 年 8 月 16 日，世界第一颗量子科学实验卫星"墨子号"发射升空（图 1.1）。

图 1.1 "墨子号"量子科学实验卫星发射

2017 年 9 月 29 日，世界第一条量子保密通信骨干网"京沪干线"（图 1.2）开通。

2020 年 10 月 16 日，中共中央政治局就量子科技研究和应用前景举行集体学习。

2020 年 12 月，中国的量子计算机"九章"（图 1.3）刷屏，处理"高斯玻色子取

图1.2 "京沪干线"开通的报道

样"(Gaussian boson sampling)这个问题的速度比当时最强的超级计算机"富岳"(Fugaku)快一百万亿倍。

图1.3 "九章"量子计算机实物图

许多人在深感振奋的同时,对量子科技产生了种种不切实际的幻想。例如认为量子通信是超光速通信或者空间跳跃,认为量子计算机无所不能。

如一篇题为《我们的认知再度崩塌了,我们认识的世界可能根本不存在》的文章,号称是著名生物学家施一公院士的演讲。许多次有人转给我,问我怎么看。我不得不告诉他们:这是胡扯的!施一公也早就辟过谣,他根本没有说过这些话!

实际情况是,施一公曾经在2016年1月17日的"未来论坛"年会上做过一个演讲,标题为《生命科学认知的极限》。这本来是个很正常的演讲,只是因为其中提到了量子纠缠,于是就被造谣者添油加醋,把许多玄而又玄的内容塞了进去,在网上热传。

如果你是专业人士,就会注意到,这个所谓施一公演讲的前面几部分都是正常

002　量子科学出版工程(第二辑)
　　　Quantum Science Publishing Project (Ⅱ)

量子信息简话:给所有人的新科技革命读本
A Brief Introduction to Quantum Information:for Everyone to Understand the New Scientific Revolution

的,后面从这样一句话开始,就变得神神叨叨了:"随着量子卫星上天,有关量子的事科普一下:当代科技最前沿发现了什么? 竟然颠覆人类世界观!"实际上,科技工作者根本不会这样说话,这是典型的造谣媒体刷流量的语言。

在另一个方向上,又出来很多蹭热点、收"智商税"的无良商家。例如有记者给我展示过五花八门的所谓量子保健品,如"量子能量舱""量子美颜喷雾""量子美容瓶""量子能量床",问我这些有没有科学道理。我不得不回答他们:全都是假的!

与此同时,由于量子科技太热而大多数人又完全搞不懂,不少人又走到另一个极端,认为量子科技是伪科学,量子科技研究者是骗子。百度一下这样的文章,会找到一大堆。

我自己还曾经遇到一件让人哭笑不得的事情。有一次,我给上海若干家媒体的负责人讲课。讲完以后,有一位向我提问:"我们的科学界为什么充满了施一公、潘建伟这样的骗子? 这说明我们有什么样的问题?"我的内心是崩溃的,回答他的第一句是:"首先,施一公、潘建伟不是骗子。你凭什么说人家是骗子?!"

1.2　正确与错误的思维方式

我在科普工作中发现了一条规律:**永远都不可能穷尽错误**。无论多么荒诞不经的观点,如"地球是平的"(图 1.4),只要它迎合了一部分人的心理,都会有人相信,并且举出各种匪夷所思的理由来论证它。无论你多么料敌机先、算无遗策,你都不可能预判出他们所有的理由。

图 1.4　"平地球理论"

这反映了一个基本道理：**正确的道路只有一条，错误的道路却有无限条**。因此，我不打算解读所有的对量子的错误思维方式，只打算直接指出正确的思维方式，然后有针对性地解读几种错误的思维方式。读者如果有举一反三的能力，自然会辨析出其他的错误。如果没有举一反三的能力，那么我说再多也是枉然。

对量子科技的正确的思维方式是什么呢？很简单，就是三点。

第一，如果你想深入地了解量子科技，那么你应该阅读这个领域的教材和论文。

第二，如果你读不懂或者没时间阅读专业教材和论文，那么你应该看有专业背景的科普人士对教材和论文的解读，例如本书。

第三，如果你对专业科普也读不懂或者没时间读，那么你应该承认自己对这个领域处于无知的状态，对相关问题都悬置起来，不随便下任何结论。承认自己在某个领域的无知，了解自己能力的边界，其实也是一种大智慧。

这三点实在是简单得不能再简单了。其实不只是对量子科技，对任何科技领域都应该持这样的思维方式。只是量子科技在本质上就比较高深，不容易理解，所以尤其需要强调这些基本道理。

这个预防针是有必要打的，因为我确实见到过这样的人，他认为量子科技是假的，理由是——我的科普他看不懂。这种思维的荒谬之处在于，以为真正的知识一定在他的理解范围之内。

我们有必要让大家知道，真正的专业知识就是很复杂的，比如可能会用到很多数学。你去翻开一本专业教材，立刻会看到大量的术语和数学，远超普通人的理解能力。但这绝不是认为这些教材造假的理由，因为**你不能用你的无知反对别人的有知**。

实际上，如果你想看到我写出一般人看不懂的专业论述和公式，那么我可以写出一大堆。这是专业的核心能力，这样我才能跟专业人士高效地交流。在这个前提下，我对公众说话的时候，尽量采用形象的比喻、抓重点的描述，以及跟其他领域建立联系。这是科普的核心能力，这样我才能帮助大家理解正确的大图景。

这两个能力都不是容易做到的。许多了不起的科学家不擅长对公众表达，这也可以理解，因为他们没有时间对此仔细琢磨。但经常见到的一种错误的思维方式，就是盯着这些专业人士的比喻性表述吹毛求疵，甚至给他们扣上"骗子"的帽子。

实际上，如果头脑清醒，就会意识到"任何比喻都是蹩脚的"。本书中对一些问题的描述，如量子比特的几何表示、RSA密码的算法，严格说来也是不准确的，专家会一眼看出少了什么。然而我使用了这些简化的说法，是为了方便没有基础的读者理解。如果一上来就用准确而复杂的表述，那么大多数人不是喊好，而是直接跑了。而这些简化的表述虽然不能用于进一步的数学推导，但可以描绘出基本脉络，让外行迅速对这些问题达到比较高的认识水平。

因此一个基本原则是，如果你想反对某个科学家，那么你应该反对的是他的论文，而不是他的普及性论述。**正确的反对途径是在专业期刊上发表论文，而不是在网络上发批判文章。**"民科"经常气愤地说专业科学家不回应自己的质疑，或者得意地说专业科学家不回应自己的质疑是因为怕了，其实这是因为只有专业论文的质疑才值得认真对待。如果科学家对什么乱七八糟来源的质疑都要回应，那么他们就没有时间干正事了。

这些对于专业人士几乎是常识，但许多外行还没有理解。有一段时间，经常有人来问我，听说量子通信有争议，是不是这样？我总是告诉他们：在科学层面，没有任何争议。

因为量子通信的原理是早就经过严格证明的，学术界早有共识。从来没有人在正规期刊上发一篇论文推翻量子通信。所谓争议只是一些网络文章，难道这能叫作学术争议吗？比如说我现在写一篇网络文章反对"1＋1＝2"，难道你就会认为"1＋1＝2"有争议吗？如果这样的话，那么你会发现找不到任何一个没有争议的东西。连"地球是平的"都有很多人相信，你会认为地球的形状有争议吗？

有趣的是，过了一段时间之后，说"量子通信是骗局"的声音少了——因为中国的量子计算取得重大成果，这些人又一窝蜂地去论证"量子计算是骗局"了！量子计算为量子通信吸引了火力！

其实在此之前，有不少人用"量子计算比量子通信重要"来论证中国在量子通信领域的领先没有意义。我虽然不赞同他们的结论，但觉得至少大家都知道了量子计算很重要，这不失为一件好事。然而一旦中国的量子计算跟美国并驾齐驱，立刻就出来一堆人认为量子计算是假的。这种"焦土战术"真是出人意料。看到这么多人如此绞尽脑汁地攻击任何一个中国的科技成果或者任何一个引起轰动的科技成果，为此焕发出无穷的想象力，真是一种神奇的体验！下次如果中国在某个领域取得重大成果，肯定又会有人找种种理由说它是假的，这就是这些人刷存在感的方式。

也许有人会问,难道学术界公认的观点就一定是对的吗?难道已有的结论就不能推翻吗?回答是当然可以,历史上发生过很多次这样的事情。这正是科学的力量所在,因为它任何时候都对批评开放,任何时候都可能推陈出新,而"玄学"就不是这样。但关键在于,**质疑别人的理由应该是你比别人知道得更多,而不是更少。**

这话尤其适用于一些在学术机构有正式职务、但跨界评论自己不熟的领域的人,例如经常在头条、知乎等平台出没的某教授、某博士等等。这些人的学术职务往往给人信任感,以为他们必有高论,但其实讲的都是粗鄙之语。认真看一下他们的学术背景就会发现,他们在量子信息领域完全不是专家。即使是诺贝尔奖得主、院士,在自己的专业领域之外发言也经常不靠谱,何况是这些人呢?

所以,我总结出一条重要原则:**科普的内容应该是学术界的主流观点**。要反对主流观点,当然可以,但那就不属于科普,而应该到专业期刊上发表文章。

这里的基本道理在于,当我讲一个主流观点的时候,我的可信度不仅仅来自我自己,更多地来自我背后引用的这些专家、这些文献。我不一定对观众讲出了这些专家和文献,但如果有人想要溯源,他是完全可以找到这些专家和文献的。**可追溯性**,这是科学活动的一个重要特征。

而如果我讲一个反主流的观点,那么这个责任就必须完全由我自己来负。我必须对这个领域有深入了解,比那些业内人士知道得更多,知道他们错在什么地方,这样才能确信自己的观点是正确的。如果我没有这个水平,对这个领域只是业余级别的了解,那么我凭什么去推翻内行的共识呢?有一句格言是:**不要用你的业余挑战别人的专业。**

如果你深入思考过这些原则,那么即使对量子科技的原理完全不了解,你也可以分辨大多数的谬论。这就是科学思维方式的力量。**具体的科学知识好比金子,科学的思维方式好比点金术的手指。**

1.3 量子 = 离散变化的最小单元

现在我们来正面论述,"量子"究竟是什么意思。

看到"量子"这个词,许多人在"不明觉厉"之余,第一反应就是把它理解成某种粒子。但是只要上过中学的人都知道,我们日常见到的物质是由原子组成的,原子又是由原子核与电子组成的,原子核是由质子和中子组成的,那么量子是什么粒子? 难道是比电子、质子、中子更小的粒子吗?

其实不是。当我们说某个粒子是量子的时候,一定要针对某个具体的事物,说它是这个事物的量子,例如,光子(photon)是光的量子,铁原子是铁的量子。**并没有某种粒子专门叫作"量子"**! 所以你不能问量子跟电子、质子、中子相比是大是小,这种问题完全是误解。

那么量子究竟是什么? 量子(quantum)的定义是这样的:一个事物如果存在最小的不可分割的基本单元,我们就说它是"量子化"(quantized)的,并把最小单元称为"量子"。用专业语言来说,量子就是"离散变化的最小单元"。什么叫"离散变化"? 就是不连续的、跳跃性的变化。

例如我们统计人数时,可以有一个人、两个人,但不可能有半个人、1/3 个人。我们上台阶(图 1.5)时,只能上一个台阶、两个台阶,而不能上半个台阶、1/3 个台阶。(有网友评论:我上过半个台阶,然后在医院躺了半个月。)这些就是"离散变化"。对统计人数来说,一个人就是一个量子。对上台阶来说,一个台阶就是一个量子。如果某个东西只能离散变化,我们就说它是量子化的。

图 1.5 上台阶

著名科普作家、中国科学院物理研究所研究员曹则贤 2019 年 12 月 30 日做过一场跨年演讲《什么是量子力学?》,其中对"什么是量子"举了两个有趣的例子。

第一个例子是"二桃杀三士"的故事。春秋时期,齐景公有三个勇士公孙接、田开疆、古冶子,他们战功彪炳,但恃功而骄。相国晏子设计除掉他们,说要赏赐他们两颗珍贵的桃子。三个人无法均分两个桃子,只得通过比较功劳来争抢。三人在争抢中感到羞愧,最后全都拔剑自杀。这里的桃子就是"量子","二桃杀三士"就是晏子的"量子计谋"。

图 1.6　皮定均

第二个例子是皮定均发鸡蛋。皮定均(图1.6)是中华人民共和国开国中将,以中原突围闻名于世。他规定给士兵发鸡蛋必须是以煮鸡蛋的形式,而不能做成鸡蛋汤、炒鸡蛋。这是为什么呢?因为煮鸡蛋是一个个"量子",吃到了就是吃到了,没吃到就是没吃到,不存在含糊的余地。而鸡蛋汤和炒鸡蛋就不是量子,二斤鸡蛋炒两个辣椒和二斤辣椒炒两个鸡蛋,都是辣椒炒鸡蛋,有贪污的空间。现在你明白皮定均将军是多么关心士兵了吧?

跟"离散变化"相对的叫作"连续变化"。例如你在平地上走路,你可以走出 1 米,也可以走出 1.2 米,也可以走出 1.23 米,如此等等,任何一个距离都是允许的。这就是连续变化。

显然,离散变化和连续变化在日常生活中都大量存在,这两个概念本身都很容易理解。那么,为什么"量子"这个词会变得如此重要呢?

因为人们发现,离散变化是微观世界的一个本质特征。

微观世界中的离散变化包括两类:一类是物质组成的离散变化,一类是物理量的离散变化。

先来看第一类,物质组成的离散变化。

例如你把一块铁不断地分割下去,最小就会得到一个个铁原子。更小就不是铁了,所以铁原子就是铁的量子。

又如光是由一个个光子组成的,一束光至少要有一个光子,否则就没有光了。你不可能分出半个光子、1/3 个光子,所以光子就是光的量子。我们平时很难意识到光是由一个个光子组成的,因为很弱的光里就包含巨大数量的光子(2.3 节会讲到具体的例子)。但以现在的技术条件,确实可以产生和探测单个光子。

又如电子最初是在阴极射线(图1.7)中发现的,阴极射线由一个个电子组成。你不可能分出半个电子、1/3 个电子,所以电子就是阴极射线的量子。

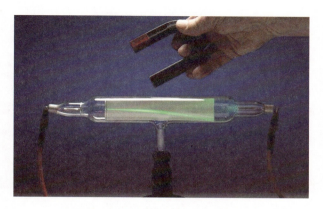

图 1.7　磁场使带负电的阴极射线偏转

再来看第二类,物理量的离散变化。

例如氢原子中只有一个电子,这个电子的能量最低等于 -13.6 eV(eV 是一种能量单位,叫作"电子伏特",它等于一个电子通过 1 伏特的电势差获得的能量,约等于 1.6×10^{-19} 焦耳)。电子的能量也可以高于这个最低值,但不能取任意的值,而只能取一个个台阶的值。这些台阶分别是最低值的 1/4、1/9、1/16 等等,总之就是 -13.6 eV 除以某个自然数的平方。在这些台阶之间的值,例如 -10 eV、-5 eV 是不可能出现的。我们把这些台阶称为一个个"能级"(energy level)。因此,氢原子中电子的能量是量子化的(图 1.8)。

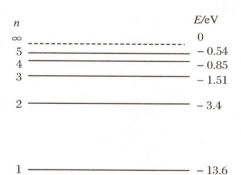

图 1.8　氢原子能级

其实不只是氢原子,每一种原子、分子中电子的能量都是量子化的,这是普遍现象。也不只是能量,电荷、磁矩、角动量等许多其他性质,在微观世界中也是量子化的,这是普遍现象。

因此,量子化是微观世界的本质特征。这就是"量子力学"(quantum mechanics)

这个词的由来,它是描述微观世界的基础理论。在量子力学出现后,人们就把传统的牛顿力学称为"经典力学"(classical mechanics)。

对于经典力学适用的宏观现象,量子力学就会简化为经典力学,它们会给出相同的预测。因此,在经典力学正确的地方,量子力学肯定也正确。在这个意义上,量子力学并不是推翻了经典力学,而是扩展了经典力学。但是如果对一个现象,量子力学和经典力学给出了不同的预测,那么量子力学一定是对的,经典力学一定是错的。也就是说,量子力学的适用范围比经典力学大得多。

在普通民众听起来,量子力学似乎很新奇。但物理和化学专业的人都在本科阶段学过量子力学,所以都知道量子力学是个很古老的理论——已经超过一个世纪了!

图 1.9 普朗克

量子力学的起源是在 1900 年,由德国物理学家马克斯·普朗克(Max Planck,1858 — 1947,图 1.9)提出。他在研究黑体辐射(black body radiation)的时候发现,必须假设电磁波的能量是一份一份的,而不是连续变化的,才能解释实验数据,由此推开了量子论的大门。

此后的二三十年中,若干位科学家对量子力学做出了很大的贡献,包括阿尔伯特·爱因斯坦(Albert Einstein,1879 — 1955)、尼尔斯·玻尔(Niels Henrik David Bohr,1885 — 1962)、路易·德布罗意(Louis-Victor Pierre Raymond de Broglie,1892 — 1987)、沃纳·海森伯(Werner Karl Heisenberg,1901 — 1976)、埃尔温·薛定谔(Erwin Schrödinger,1887 — 1961)、保罗·狄拉克(Paul Adrien Maurice Dirac,1902 — 1984)、沃尔夫冈·泡利(Wolfgang Pauli,1900 — 1958)、马克斯·玻恩(Max Born,1882 — 1970)等人(图 1.10)。这些人都因此获得了诺贝尔奖。

是的,爱因斯坦获得诺贝尔奖是因为量子力学,而不是因为相对论! 具体而言,是因为他提出了光量子即光子的概念,并以此解释了光电效应(图1.11)。爱因斯坦没有因为相对论获得诺贝尔奖,是因为当时评奖委员会里有些人十分保守,一直不同意相对论。但这无损于他的地位,因为爱因斯坦获得诺贝尔奖是诺贝尔奖的荣幸,而不是爱因斯坦的荣幸。

010 量子科学出版工程(第二辑)
Quantum Science Publishing Project (Ⅱ)

量子信息简话:给所有人的新科技革命读本
A Brief Introduction to Quantum Information:for Everyone to Understand the New Scientific Revolution

图 1.10　1927 年第五届索尔维会议

第三排(左起)：皮卡尔德、亨里奥特、埃伦费斯特、赫尔岑、顿德尔、薛定谔、菲尔特、泡利、海森伯、
　　　　　福勒、布里渊

第二排：德拜、努森、布拉格、克雷默、狄拉克、康普顿、德布罗意、玻恩、玻尔

第一排：朗缪尔、普朗克、居里、洛伦兹、爱因斯坦、朗之万、古耶、威尔逊、理查森

**图 1.11　诺贝尔奖网站上爱因斯坦的获奖原因："由于他对
　　　　理论物理的贡献，尤其是发现了光电效应的规律。"①**

---

① 参见 https：//www. nobelprize. org/prizes/physics/1921/einstein/facts/。

选读内容：光电效应

光电效应（photoelectric effect，图 1.12）由德国物理学家海因里希·赫兹（Heinrich Rudolf Hertz，1857 — 1894）在 1887 年发现，指的是光打到金属上时，会有电子发射出来。

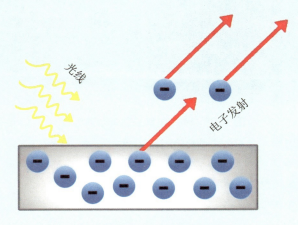

图 1.12　光电效应

这个现象的奇妙之处在于，起决定作用的是光的频率，而不是光的强度。对于一种金属，如果光的频率高于某个阈值，那么无论多弱的光，都会立刻打出电子。而如果光的频率低于这个阈值，那么无论光的强度多高，等多长时间，都没有电子出来。这种依赖关系是经典理论无法解释的，因为一束光的能量正比于它的强度，那为什么起作用的不是强度而是频率呢？

1905 年，爱因斯坦提出，一束光是由一个个光量子（light quantum）组成的，现在我们把光量子称为光子（photon）。一个光子的能量 E 等于普朗克常数 h（Planck constant，由普朗克发现，等于 $6.626\,070\,15 \times 10^{-34}$ 焦耳·秒，2.1 节会详细解释它）乘以光的频率 ν，即

$$E = h\nu$$

根据爱因斯坦的这个假设，光电效应就可以得到自然的解释。关键在于，**能不能打出电子取决于单个光子的能量，而不是一束光整体的能量**。一个电子从金属中跑出来，需要克服某个最小能量，这个最小能量称为这种金属的逸出功或功函数（work function），常用 φ 来表示。如果一个光子的能量大于 φ，它就可以打出电子。

而如果一个光子的能量小于 φ，那么这样的光子再多也不能打出电子，因为一个原子一次只能吸收一个光子。

这个理论对当时人们接受量子的思想发挥了巨大作用。我们现在认为核辐射无论剂量多低都对人体有害，而手机、基站、微波炉等的辐射在一定剂量内就对人体无害，也是由于同样的原因。核辐射的频率很高，单个粒子能量就很高，有可能打断人体内的化学键，这叫作电离辐射（ionizing radiation），所以强度再低都有风险。而手机、基站、微波炉等的辐射频率比较低，单个光子不足以打断化学键，这叫作非电离辐射（non-ionizing radiation），所以只要强度不超标就对人体无害。

到 20 世纪 30 年代，量子力学的理论大厦已经基本建立起来，能够对微观世界的大部分现象做出定量描述了。科学界公认，量子力学和相对论是当代物理学的两大基础理论。经典力学是这两大基础理论在宏观低速运动条件下的近似，当处理微观问题时就一定需要量子力学，当处理高速运动（狭义相对论）或者强引力场（广义相对论）时就一定需要相对论。在这个意义上，量子力学和相对论是经典力学向两个不同方向的推广。而它们俩之间还没有完全统一起来，这是当代物理学的前沿问题。

这两大基础理论的一个明显的区别是，相对论主要是爱因斯坦个人的智力成就，而量子力学是多位科学家的集体智慧。具体而言，当然也有很多其他人对相对论做出了贡献，但如果没有爱因斯坦，可能人类直到现在都没有发现广义相对论，因为当时根本没有别人在考虑相应的问题。这是爱因斯坦独一无二的地方。狭义相对论倒是只差临门一脚了，即使没有爱因斯坦，亨利·庞加莱（Henri Poincaré，1854 — 1912）、亨德里克·洛伦兹（Hendrik Antoon Lorentz，1853 — 1928）等人也可能把它搞出来，但完成临门一脚的事实上就是爱因斯坦。总之，相对论有一个明确的代表性人物——爱因斯坦，但量子力学很难用一个人来代表。

1.4 量子力学能用来干什么？ 更该问的是它不能干什么！

在知道了量子力学这个学科后，许多人就会来问：它能用来干什么？

实际上，这个问题问偏了。真正有意义的问题是：量子力学不能用来干什么？因为量子力学能干的实在是太多了，几乎找不到跟它没关系的地方！

如果你问：相对论能用来干什么？ 倒是能给出一些具体的回答。

例如在宇宙学中，大爆炸、黑洞等现象离不开广义相对论。太阳对光线的偏折、水星近日点进动（图 1.13），都是广义相对论的经典例证。

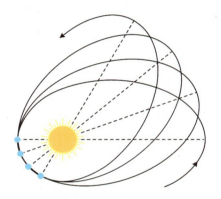

图 1.13　水星近日点进动

又如在重元素的化学中，当原子核的电荷数很大时，内层电子的速度会接近光速，产生显著的相对论效应，由此导致"镧系收缩"（lanthanide contraction）等现象。

又如对于北斗和 GPS 等卫星导航系统，既有广义相对论的效应，又有狭义相对论的效应。天上的引力比地面的弱，由此导致天上的时间流逝得快一点，这是广义相对论的效应。同时卫星相对于地面高速运动，因此导致卫星的时间流逝得慢一些，这是狭义相对论的效应。这两个效应相反，具体哪个效应大取决于卫星的高度。卫星导航系统一定要对这两个相对论效应进行修正，否则定位就会有很大误差。

相对论在日常生活中的应用也许还能列出一些，但整体上实在是不多，因为我们平时很少遇到接近光速的运动和强引力场的条件。实际上，广义相对论的研究者在所有物理学家中只占一小部分，甚至学过广义相对论的学生在物理专业中也只占一小部分。而相比之下，学过量子力学的人就太多了，所有物理专业和化学专业的学生都要学。

量子力学的研究活跃度也大大高于相对论。在媒体报道中你会发现，量子领域日新月异，而相对论领域的大新闻却是发现一种爱因斯坦一百年前预言的现象——引力波（图1.14）。[①]

图1.14　两个黑洞合并放出引力波

为什么量子力学无所不在？基本的道理在于，描述微观世界必须用量子力学，而宏观物质的性质又是由其微观结构决定的。因此，不仅研究原子、分子、激光这些微观对象时必须用到量子力学，而且研究宏观物质的导电性、导热性、硬度、晶体结构、相变等性质时也必须用到量子力学。

许多最基本的问题是量子力学出现后才能回答的。例如：

1. 原子的稳定性

为什么原子能保持稳定？也就是说，为什么原子中的电子不会落到原子核上（图1.15）？这在刚发现原子结构的时候是一个严重的问题，因为电子带负电，原子核带正电，按照经典理论，电子一定会落到原子核上，原子也就崩塌了。为什么这没有发生呢？

回答是：因为原子中电子的能量是量子化的，有个最低值。如果电子落到原子核上，能量就变成负无穷，低于这个值了，所以它不能掉下去。

2. 化学的基本原理

为什么原子会结合成分子？例如两个氢原子 H 结合成一个氢分子 H_2。回答是：因为分子的能量也是量子化的。如果分子的最低能量低于各个原子的最低能

---

① 2017年，雷纳·韦斯（Rainer Weiss）、巴里·巴里什（Barry Clark Barish）和基普·索恩（Kip Stephen Thorne）因为对引力波探测的贡献获得诺贝尔物理学奖。

量之和,例如氢分子的能量低于两个氢原子的能量,那么这些原子形成分子时就会放出能量,形成分子就是有利的。事实上,根据量子力学原理,我们已经能够精确计算很多分子的能量了。

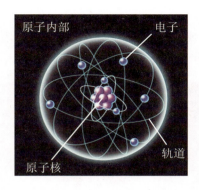

图 1.15　原子模型①

3. 物质的硬度

为什么物质会有硬度?比如说一块木头或一块铁是硬的。这个问题实际上就是,为什么会存在固体?在微观上也就是说,为什么原子靠得太近时会互相排斥,而不会摞到一块去?

回答是:因为有一条基本原理叫作**泡利不相容原理**(Pauli exclusion principle),说的是两个费米子(fermion)不能处于同一个状态。费米子是一类粒子的统称,电子就属于费米子。这条原理决定了,当两个原子靠得太近时,就会产生一种强烈的排斥,阻止两个原子落到相同的状态(图 1.16)。

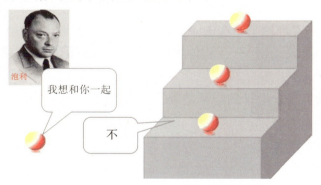

图 1.16　泡利不相容原理

---

① 请注意这只是个示意图,绝不意味着电子精确地在这些轨道上运行,这种经典的图像是错误的。

016　量子科学出版工程(第二辑)
Quantum Science Publishing Project (Ⅱ)

量子信息简话:给所有人的新科技革命读本
A Brief Introduction to Quantum Information:for Everyone to Understand the New Scientific Revolution

4. 导电性

为什么有些物质能导电,例如铜和铝? 为什么有些物质不导电,例如木头和塑料? 为什么又有些物质是半导体,例如硅和锗? 为什么还有些物质是超导体,例如低温(低于 4.2 K)下的水银?

这些关于导电性的问题,在量子力学出现之前是无法回答的。大家可以回忆一下,在中小学是如何解释导电性的。那时最好的解释是所谓自由电子的理论:有些物质导电是因为其中的电子是自由的,而另一些物质不导电是因为其中的电子不是自由的。但请仔细想想,这真的解释了任何事情吗? 其实并没有,它只是循环论证而已,因为它不能预测。如果你追根究底地问:为什么铜和铝中的电子就是自由的,木头和塑料中的电子就是不自由的呢? 这就完全说不清了。

真正的改变发生在量子力学出现以后。人们发展出了一套理论,可以明确地解释和预测哪些物质会导电,哪些物质不导电。它叫作"能带理论"(energy band theory)。

根据能带理论,大量能量十分接近的能级组成一条条能带(图 1.17)。如果电子部分占据一个能带,最上面的电子只需极少的能量就能跳到上面的能级,这种体系就是导体(conductor),例如铜和铝。如果电子完全占满了一个能带,而跟下一个能带之间有一个显著的能量间隙,最上面的电子需要很多能量才能跳到上面的能级,这种材料就是绝缘体(insulator),例如木头和塑料。

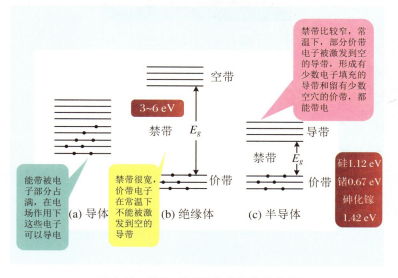

图 1.17 导体、绝缘体和半导体的能带

能带理论不但能解释导体和绝缘体,还能指导我们制造和操纵新的材料,例如半导体(semiconductor)和超导体(superconductor)。如大家所知,半导体是整个芯片(chip)技术的基础。在这些意义上,所有的电器都用到了量子力学。只要你在用电,你就在用量子力学了!因此,要找一个没有用到量子力学的现代技术,几乎不可能。

量子力学不但能用来解释自然界已有的现象,还能用来创造自然界没有的现象。例如,激光器(图1.18)和发光二极管都是根据量子力学的原理设计出来的。

图 1.18 高功率激光

所以我们可以明白,现代社会几乎所有的技术成就都离不开量子力学。你打开一个电器,导电性是由量子力学解释的,电源、芯片、存储器、显示器等器件的工作原理都来自量子力学。你走进一个房间,钢铁、水泥、玻璃、塑料、纤维、橡胶等材料的性质都是基于量子力学的。你登上飞机、汽车、轮船,发动机中燃料的燃烧过程是由量子力学决定的。你研制新的化学工艺、新材料、新药等,都离不开量子力学。

1.5　量子力学＋信息科学——→量子信息

当你对量子力学有所了解之后，下一个问题就是：既然量子力学完全不是一个新学科，出现已经超过一个世纪，为什么最近却又变得如此火热呢？

回答是：20 世纪 80 年代以来，量子力学与信息科学交叉，产生了一门新的学科——量子信息（quantum information）。许多物理学家把量子信息的兴起称为"第二次量子革命"，跟量子力学创立时的"第一次量子革命"相对应。

为什么会有第二次量子革命？归根结底，是因为我们对单个量子操纵能力的进步。

在量子力学发展的早期，我们观测和控制的都是大量粒子的集体，而不能操控单个粒子。当时甚至还有很多物理学家认为这是量子力学的本质特征。但现在我们知道，这种观点是错误的。

例如传统的光电探测器，需要接收大约 10 亿个光子才能形成一个像素点。而 2018 年以来，潘建伟院士、徐飞虎教授的团队发展了一个高精尖的单光子相机系统（图 1.19），只需一两个光子就可以成像。

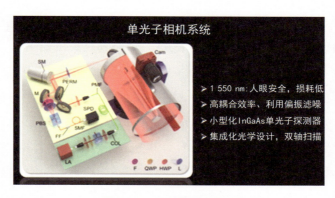

图 1.19　单光子相机系统

这个 10 亿倍的进步，使他们能做到很多以前做不到的事。例如，他们在雾霾天，对 8.2 千米外一个人的模型进行姿态识别，清晰地看到这个模型把手举了起来（图 1.20）。他们在 45 千米外对浦东民航大厦进行拍摄，也得到了清晰的图像（图 1.21）。因此，他们把这项技术称为"雾里看花"。

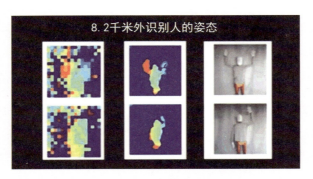

图 1.20　8.2 千米外识别人的姿态

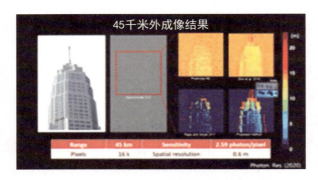

图 1.21　45 千米外对浦东民航大厦的拍摄

因此,是量子信息的大发展,把"量子"变成了舆论热词。新闻中报道的量子科技,绝大多数时候指的就是量子信息。这是一个蓬勃发展的研究领域,是学术界的主流而不是偏门,全世界有大量的科研人员投身于此。普遍认为,量子信息跟可控核聚变、人工智能并列,属于颠覆性的战略科技。

量子信息包括哪些内容呢?可以先来看看我们平时用到什么信息技术。我们最常用的是手机,这是用来通信的;还有计算机,这是用来计算的。钟表、尺子、温度计等也可以算作信息技术,它们是用来测量的。相应地,量子信息也分为三个领域(图 1.22):**量子通信**(quantum communication)、**量子计算**(quantum computing)与**量子精密测量**(quantum precision measurement 或 quantum metrology)。在每个领域内部,各自有若干种具体的技术。它们的目标都是利用量子力学的特性来超越传统的信息技术。

在量子信息的三个分支中,量子精密测量是相对容易理解的。例如,刚才说的"雾里看花"就是典型的量子精密测量技术。所以,下一章我们来集中叙述几种量

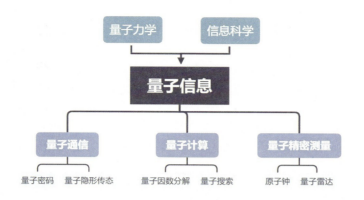

图 1.22　量子信息的三个分支

子精密测量技术。

　　而要理解量子通信和量子计算，难度就呼呼地上去了。因为它们的原理用到量子力学许多深入的特性，不是"操控单个量子"这么一句话就够的。也正因为如此，它们能够实现很多不可思议的功能。

　　一个非常有戏剧性的例子，是科幻电影中的"传送术"（图1.23）。是的，传送术在原理上是可以实现的！它的专业名称叫作"量子隐形传态"（quantum teleportation）。

图 1.23　电影《星际迷航》中的传送术

　　因此，在介绍完量子精密测量之后，我会向大家讲解量子力学的原理，一步一步地引导大家游览量子信息的花园。

第 2 章　最容易理解的量子科技：量子精密测量

　　量子精密测量的基本道理很容易理解：你的测量精度提高了，当然就可以实现以前不可思议的效果。《列子》中"纪昌学射"的故事，就是一个形象的例子：

　　甘蝇，古之善射者，彀弓而兽伏鸟下。弟子名飞卫，学射于甘蝇，而巧过其师。纪昌者，又学射于飞卫。飞卫曰："尔先学不瞬，而后可言射矣。"纪昌归，偃卧其妻之机下，以目承牵挺。二年后，虽锥末倒眦，而不瞬也，以告飞卫。飞卫曰："未也，必学视而后可。视小如大，视微如著，而后告我。"昌以牦悬虱于牖，南面而望之。旬日之间，浸大也；三年之后，如车轮焉。以睹余物，皆丘山也。乃以燕角之弧，朔蓬之簳射之，贯虱之心，而悬不绝。以告飞卫。飞卫高蹈拊膺曰："汝得之矣！"[①]

　　量子精密测量跟"纪昌学射"的区别在于，"纪昌学射"的训练方法并不符合科学原理，只是代表了一种美好的想象，而量子精密测量是用科学手段实现的。

　　在量子信息的三个分支中，量子精密测量是最容易理解的，所以我们先来介绍它。但无论是量子精密测量、量子通信还是量子计算，它们的许多技术都是相通的。例如，单光子探测就是"墨子号"卫星与"九章"量子计算机等许多应用的基础。因此，量子通信、量子计算、量子精密测量是一个整体，它们共同构成第二次量子革命。

2.1　原子钟与国际单位制的量子化

　　古往今来，人类计时的方法经过很多变迁。最初用日晷、沙漏，后来用机械钟表，再后来用电子仪器。现在最精确的计时装置叫作原子钟，它是基于一个原子在两个能级之间跃迁发出的光的频率来计时的。

----

　　① 白话译文可参考人教版四年级语文下册《寓言两则》。

选读内容：能级跃迁

如果两个能级的能量分别是 E_1（低）与 E_2（高），那么当一个电子从高能级跃迁到低能级时，就会发出一个光子，它的能量是 $E_2 - E_1$（图 2.1）。而一个光子的能量等于它的频率 ν 乘以普朗克常数（常用 h 表示，它等于 $6.626\,070\,15 \times 10^{-34}$ 焦耳·秒），因此

$$h\nu = E_2 - E_1$$

由此就能精确测定频率，从而确定时间。

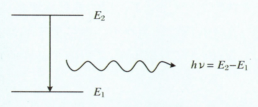

图 2.1　电子在能级间的跃迁

GPS 和北斗等卫星导航系统（图 2.2）的核心技术就是原子钟。通过确定时间，再乘以光速，就可以确定距离。

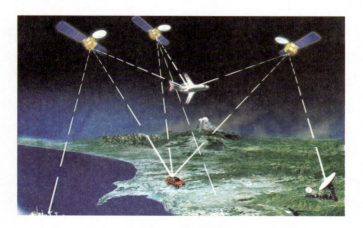

图 2.2　卫星导航系统

目前,卫星上的原子钟精度可以达到 10^{-13} 的量级,即每过 10^{13} 秒才差一秒。一年等于 $3.153\ 6\times10^{7}$ 秒,因此这个精度相当于每一百万年差一秒。这是热原子钟的精度。不久的将来,我们会把冷原子钟送到天上去。由于温度的降低,热运动干扰的减少,精度可望提高到 10^{-16} 的量级,即每十亿年差一秒。

如果是在地面上,冷原子钟的精度就更高,可以达到 10^{-19} 的量级,即每一千亿年差一秒。宇宙从诞生到现在也不过是 138 亿年!这个纪录是由美国科学院院士、中国科学院外籍院士叶军在美国国家标准与技术研究院(National Institute of Standards and Technology,NIST)的团队创造的。

为什么原子钟这么精确?因为它跟日晷、沙漏、机械钟表、电子钟表等有本质区别。那些都依赖于人造物品,例如电子仪器的振荡频率是由它的电感、电容决定的,这些参数是制造者指定的,所以难免在不同设备上不均匀。而原子钟只取决于两个能级的位置,它们完全由量子力学决定,所以原子钟在原理上就比前面那些计时方法精确得多。

这里的大趋势,是标准从人造物品走向基本物理原理。实际上,同样的趋势不只发生在计时领域,而是发生在所有测量领域。请大家仔细观察一下选读内容中提到的普朗克常数,它等于 $6.626\ 070\ 15\times10^{-34}$ 焦耳·秒。虽然这个数值在小数点后还有很多位,但最重要的特征其实是,它是一个**精确值**,没有误差范围。为什么会这样?因为现在的国际单位制规定,它等于这个精确值。

以前并不是这样。在我上学的时候,课本上写着普朗克常数等于 $6.626\ 075\ 5(40)\times10^{-34}$ 焦耳·秒,或诸如此类。括号里就是误差范围,表示最后两位数有加减这么多的不确定度。再仔细看,数值也跟现在的规定值不一样,虽然差别很细微。每过一段时间,课本再版的时候,这个数值都可能会修订。

这实际上反映了一件事:以前我们的测量精度不够高,是以其他物理量为基准来测量普朗克常数;而现在我们的测量精度很高了,于是反过来以普朗克常数为基准来测量其他物理量。

在国际单位制中,千克、米、秒等基本单位是怎么定义的呢?以前人们造了很多人造物品来确定基本单位,即各种"原器"。例如千克的定义就是千克原器的质量,米的定义就是米原器的长度。想想看,如果有一个外星文明看到地球,发现我们还在用某某原器,会感到我们的文明多么低级啊!

后来逐渐地,这些原器被基于物理原理的测量取代了。例如现在 1 秒的定义是:铯-133 原子在基态下的两个超精细能级之间跃迁所对应的辐射的 9 192 631 770 个周期的时间。1 米的定义是:光在真空中传播 1/299 792 458 秒的距离。也就是说,我们现在是先定义光速精确地等于 299 792 458 米/秒,然后用它来定义米。

在所有这些原器中,最顽固的一个是千克原器。直到 2019 年 5 月 20 日,它才正式退役,这一天新的国际单位制正式生效。现在 1 千克的定义成了:让普朗克常数等于 6.626 070 15×10^{-34} 焦耳·秒的质量。这是因为焦耳·秒＝千克·米^2·秒$^{-1}$,而前面定义了米和秒,所以根据普朗克常数就能定义千克。

用普适常数来定义基本单位,才是高级文明的表现,因为在宇宙中任何地方、任何时间都可以测量定标了,而不再需要人造物。现在如果有外星文明看到地球,他们就会说:嗯,这个文明上了点层次了。所以整个人类文明在 2019 年 5 月 20 日悄悄地升了一次级。这件事被称为**国际单位制的量子化**,因为其中用到最多的就是量子力学原理。

2.2 量子雷达

近年来,很多人在很多地方听到了量子雷达。他们的第一反应往往就是:能不能探测隐形飞机?

其实量子雷达这个词可以指若干种不同原理的雷达,有若干个不同的单位在研制。最近,窦贤康院士与潘建伟院士、张强教授合作研发了一种风场探测量子雷达(图 2.3)。风场探测的意思就是,探测大气中每个位置有没有风,如果有风的话向哪里刮,风速多少。

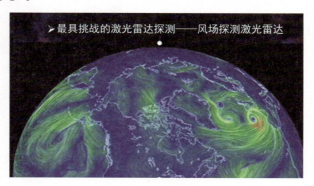

图 2.3 风场探测激光雷达

传统的激光雷达有一个无法解决的难题——白天如何观测？白天太阳光太强，会极大降低激光雷达的信噪比。为了提高信噪比，以前的做法是把激光器能量做得越来越高，把望远镜口径做得越来越大，这样就能接收到更多的能量。但是这些都是有巨大代价的，还不仅是钱的问题。对星载测风雷达来说，在卫星上不能放很大口径的望远镜，也不能使用很高能量的激光，因为高能激光会把光路打坏。

　　要另辟蹊径的话，探测器的频段最好用红外光，因为太阳光里红外部分的能量比较低，太阳对探测的干扰比较小。但困难在于，红外探测器的性能比较差。

　　那怎么办呢？窦贤康和张强等人利用单光子频率转换技术（图2.4），把红外光转换成863纳米的光。

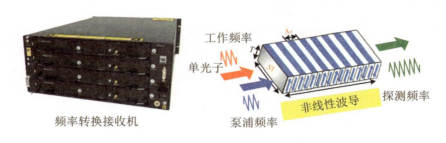

图2.4　单光子频率转换技术

　　这样就大大提高了信噪比，把探测距离从2.6千米提高到了8千米（图2.5）。

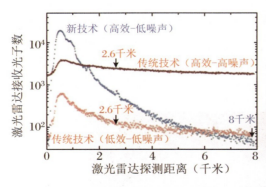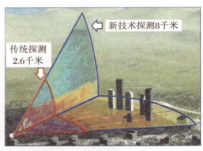

图2.5　窦贤康院士与潘建伟研究组张强教授合作研制的量子雷达，将大气风场探测距离增加到3倍

2.3　隔墙观物

设想一下这样的场景:有个恐怖分子躲在一个房间里,特警队员看不见他。但你掏出一个光学装置,一下子就确定了他的位置和姿势。然后"神兵天降",抓获恐怖分子(图2.6)。

图2.6　"神兵天降"

(图片来源:墨子沙龙和谢耳朵科学漫画工作室授权使用)

图 2.6 "神兵天降"(续)

图 2.6　"神兵天降"（续）

这样的黑科技，最近变得接近现实了。2021年3月4日，潘建伟院士、窦贤康院士、徐飞虎教授等人在《美国国家科学院院刊》（*Proceedings of the National Academy of Sciences of the United States of America*，PNAS）上发表了一篇文章《1.43千米的非视域成像》（*Non-line-of-sight Imaging over 1.43 km*，图2.7），讲的就是这个"隔墙观物"。

图 2.7　论文《1.43 千米的非视域成像》①

这项黑科技究竟是怎样炼成的？下面，我们就来解释一下。

首先，这项技术并不是穿墙透视。许多人担心自己穿什么衣服都挡不住透视，其实它并不是干这个的，那是 X 光、太赫兹等技术干的事。这项工作的学术名称，

---

① 参见 https://www.pnas.org/content/118/10/e2024468118。

叫作"非视域成像"或者"非视距成像"。

所谓视域,就是由光线直线传播决定的能够看见的范围。例如那里有堵墙,我们就看不见墙后面的场景了。非视域成像,就是看到直线传播范围之外的物体,也就是"我的视线会拐弯"。如何做到呢?还是因为那里有堵墙,我们把墙当作镜子!

在很多影视作品中,都有通过镜子看到视线之外物体的情节。例如李小龙的代表作《龙争虎斗》,经典情节就是在一个充满镜子的房间中打斗(图2.8)。

图 2.8　李小龙电影《龙争虎斗》

为什么我们平时不能用墙壁成像? 因为镜子发生的是镜面反射,从一个方向来的光会被确定地反射到另一个方向,所以可以成很清晰的像。而墙发生的是漫反射,从一个方向来的光会被散漫地反射到很多方向,每一个方向的光强都比原来低得多,所以成不了像。

有一个成语"磨砖成镜",来自佛教书籍《景德传灯录》:"磨砖岂能成镜邪?"意思就是磨砖成不了镜子,单凭坐禅苦修也成不了佛。但潘建伟等人做的,正是要把砖当镜子来用,通过墙壁成像!特警抓住恐怖分子的时候,就可以告诉他:你身边的墙壁出卖了你。

这是怎么做到的呢? 我来告诉大家一个关键词:三次散射(three bounces)。如果你记住了"三次散射",你的知识水平就超过了 90% 的人。看图2.9,你就会明白为什么需要三次散射了。

首先,我们手里有一个激光器和一个探测器。激光器向墙壁上的某一点发出一个脉冲激光,它被墙壁散射。有些光子原路返回,被探测器接收到。有些光子被偏转,照向了隐藏的物体。大部分光子既没有返回,也没有撞到隐藏物体,就此消失了。这是第一次散射。

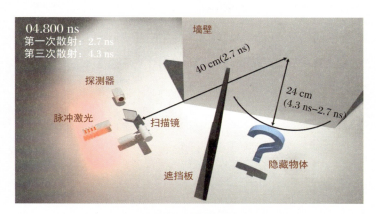

图 2.9　非视域成像原理示意图

然后,照到隐藏物体上的光又被这个物体散射。大部分光子跑得没影了,少部分光子运气好,又被反射回墙壁。这是第二次散射。

最后,反射回墙壁的光子又被墙壁散射。大部分光子跑得没影了,少部分光子运气爆棚,居然又被反射回探测器,被我们探测到。这是第三次散射。

搞明白这个设置后,你会震惊得好像被闪电劈中。每一次散射都是一次撞大运的过程,大部分光子都是丢失的,只有少部分撞到了合适的光路上。假如撞上一次的概率是 r,那么连续撞上三次的概率就是 r 的三次方。这是一个非常低的概率,就好比一个人被闪电劈中三次而不死的概率。我们居然是在以这样低的概率为基础在做测量,这是多么惊人的技术!

然而,有另一方面的原理使得这个技术成为可能,就是光的粒子性。也就是说,光是由一个个的光子组成的。大多数人可能都只是听过光子这个词,但没有意识到一束光里的光子多到什么程度。

选读内容:计算光子数

实际上,单个光子的能量非常低。它等于普朗克常数 h 乘以光的频率 ν,即

$$E = h\nu$$

而普朗克常数是一个非常小的量,在 2.1 节中已经说了,它等于 $6.626\,070\,15 \times 10^{-34}$ 焦耳·秒。

潘建伟等人用的激光波长 $\lambda = 1\,550$ 纳米,即 1.55×10^{-6} 米。它对应的频率是

$$\nu = c/\lambda \approx 1.92 \times 10^{14} \text{ 赫兹}$$

这里 c 是光速,约等于 3×10^8 米/秒。

因此,单个光子的能量为

$$E = h\nu \approx 1.27 \times 10^{-19} \text{ 焦耳}$$

潘建伟等人用的激光器功率是 300 毫瓦,那么每秒发出的能量是 0.3 焦耳。这个能量除以单个光子的能量,大约是 2.36×10^{18},即 236 亿亿。每秒就发出百亿亿量级的光子! 所以才能在三次撞大运之后,仍然有些幸存下来。

具体而言,文章中提到,一次操作时间是 2 秒,发出大约 460 亿亿个光子,其中有 674 个经过三次散射回来(图 2.10)。

> During data collection, for each raster-scanning point, we normally operate the system with an exposure time of 2 s, where we send out laser pulses with a total number of $\sim 4.6 \times 10^{18}$ photons and collect ~ 674 returned third-bounce photon counts. The

图2.10 在 2 秒的光照中,发出 460 亿亿个光子,接收到 674 个三次散射回来的光子

《三国演义》里,曹操 83 万人马下江南,在赤壁被一把火烧得只剩"一十八骑残兵败将"(京剧《华容道》的台词)。这个幸存率其实还比三次散射高得多呢(图 2.11)!

三次散射的光子身上,就携带了隐藏物体的信息。具体怎么解析出来呢? 再

请大家研究一下图2.9。探测器收到了两种光子。

一种是在第一次散射时回来的。比如，它们是在出发后2.7纳秒回来的。这说明了什么？这说明，它在2.7纳秒的时间里，走过了探测器到墙壁激光点的距离的两倍。由此可以算出，探测器到墙壁激光点的距离是40厘米。

图2.11　曹操大笑：原来我们的幸存率还算高的！

另一种是经过三次散射才回来的。比如，它们是在出发后4.3纳秒回来的。这又说明了什么？这说明，它在4.3纳秒的时间里，走过了探测器到墙壁激光点的距离的两倍，再加上墙壁激光点到隐藏物体的距离的两倍。由此可以算出，墙壁激光点到隐藏物体的距离是24厘米。

很好，基本的信息都已经在这里了。不过要把这些距离信息转化成三维的图像，知道那个隐藏物体究竟是什么样子，还需要大量的数学建模。例如在论文里，他们分辨出了1.43千米外一个房间里的一个图像是一个人偶模型举着双手，又分辨出了另一个图像是一个大写字母"H"（图2.12）。

如果你担心自己遭到偷窥的话，我来解释一下。这相距1.43千米的两个位置，分别是中国科大上海研究院和上海的一个民宅。那个民宅是他们租用的，里面放的是做实验用的假人，没有偷窥任何人。

中国科大上海研究院，就是潘建伟研究组平时做实验的地方。2021年初，"字节跳动"给我拍了一个纪录片《"简单"的科普工作，还有价值吗？》，其中有我在量子保密通信上海控制中心（图2.13）和张强教授对话的镜头，那就是在中国科大上海研究院里。

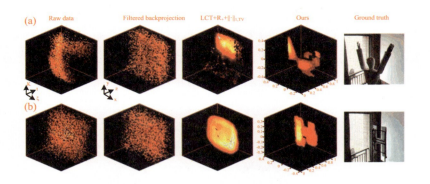

图 2.12　重构图像与实物的比较①

图 2.13　量子保密通信上海控制中心

实际上,非视域成像本身并不是一个新技术,它是在 2009 年由麻省理工学院媒体实验室的阿迈德·科马尼(Ahmed Kirmani)等人提出的。但以前的成像距离只能做到 1 米左右,现在潘建伟、窦贤康和徐飞虎等人把它推进到了 1.43 千米,一下子提高了三个数量级。这才是真正惊人的地方。

实现这样跨越式的进步,需要很多方面的技术突破共同配合。

例如,他们不但在黑夜可以做这个实验,而且也验证了白天的可行性。用专业语言来说,有全天时成像的能力。

白天为什么会造成困难呢?在阳光下,不要说非视域成像了,普通的成像都可能会看不清楚,因为阳光的背景太强烈。那么这区区 674 个光子,如何保证不被阳光淹没?答案是用 1 550 纳米的波长,因为这个波长的光在太阳光中很少。

然而,这又带来新的问题:以前的单光子探测器对这个波长不适用。"兵来将

---

① 参见 https://www.pnas.org/content/118/10/e2024468118。

034　量子科学出版工程(第二辑)
Quantum Science Publishing Project (Ⅱ)

量子信息简话:给所有人的新科技革命读本
A Brief Introduction to Quantum Information:for Everyone to Understand the New Scientific Revolution

挡,水来土掩",他们又专门研制出适合这个波长的单光子探测器。

除此之外,他们还发展了双望远镜共聚焦光学系统,通过镀膜提高了望远镜的反射率,采用了最优化的扫描精度,发展了"凸优化"的算法,等等。每一项进步都有大量的细节,这么多进步加起来,才实现了这三个量级的跨越。

俗话说:"内行看门道,外行看热闹。"看到一个黑科技,普通人只会对它的效果感到惊讶,而专家就会关心技术细节,这才是真正的功力所在。

2.4 零磁场核磁共振

医院有一种诊断手段,叫作磁共振成像(magnetic resonance imaging)。其实在学术界,这种技术更常用的名字是核磁共振(nuclear magnetic resonance, NMR)。因为普通人往往对"核"有天然的恐惧,所以医院就很机智地把这个"核"字省去了!

不过值得说明的是,核磁共振并没有核辐射,远远没有原子弹或者核电站泄漏那么危险。核磁共振的核指的是原子核,它有一种性质叫作**自旋**(spin)。虽然听这个名字似乎可以把自旋想象成陀螺或者洗衣机的自转,但本质上自旋是一种量子力学的性质,在经典世界里是不能完全找到类比的。

粒子的自旋会产生磁矩,也就是说,它跟磁场会发生相互作用。在磁场下,粒子的能级会发生分裂。如果这时有一个入射的光子能量等于两个能级之间的差值,粒子就会吸收这个光子,从低能级跳到高能级。因此,根据粒子对电磁波吸收的情况,就能分析出一个体系中有什么样的原子核以及有多少。这就是核磁共振的原理(图2.14)。

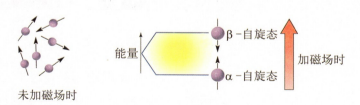

核的自旋态受到外加磁场的影响

图 2.14 核磁共振原理示意图

传统的核磁共振技术，必须要外加强磁场。在医院做核磁共振（图 2.15）的时候，通常在检测室外就会看到"当心强磁场"的标志，医生也会叫你取下身上的金属物如项链以及磁卡等物品。这是因为磁场会对金属造成影响。临时取下金属物品倒也无妨，但有些人在身体里植入了金属的辅助装置，例如心脏起搏器，这就麻烦了。因此，目前戴心脏起搏器的人是不能做核磁共振的。

图 2.15　医院的核磁共振设备

我们有没有可能帮到这些人呢？ 也就是说，**能不能让核磁共振不需要磁场**？

回答是可以。中国科大的杜江峰院士、彭新华教授和美国加州大学伯克利分校的布德克尔（D. Budker）教授等人共同研发了一种零磁场核磁共振谱仪（图 2.16）。这个装置里最重要的器件，就是图 2.16(c)展示的原子磁力仪。

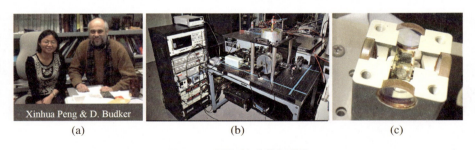

(a)　　　　　　　　　(b)　　　　　　　　　(c)

图 2.16　零场核磁共振谱仪

图 2.17 中彭新华手里拿的是一个特制的玻璃泡，这个泡里充满了铷元素（Rb，一种碱金属）的原子蒸气。利用带自旋的铷原子，能够感受到极其微弱的磁场。因此，零场核磁共振依赖于原子自旋磁力计的发展。

你可能会问，前边不是说有磁场才能让粒子的能级发生分裂吗？零磁场下探

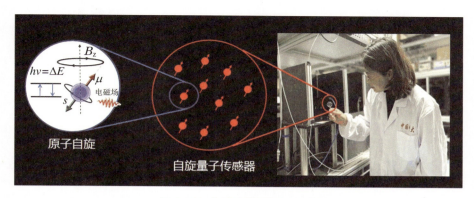

图 2.17　铷原子玻璃泡磁力计

测什么呢？回答是：零磁场指的是不加外磁场，但原子核的自旋本身就会产生磁场，相当于一个磁场的本底。也就是说，原子核 B、C、D、E 等会在原子核 A 的地方产生磁场。这种效应称为原子核自旋之间的**耦合**（coupling）。

当然，由自旋耦合产生的磁场很微弱。但现在的原子自旋磁力计确实可以探测到它！例如 2019 年，彭新华等人已经能够探测到相当于地磁场百亿分之一的极微弱磁场信号。这是什么概念呢？相当于把一块小磁片贴在近万米高空中飞行的飞机上，然后在地面上我们的自旋磁力计还能够感受到这个小磁片产生的磁场。

利用这种技术，可以在零磁场下对金属容器内部的水成像。这样，佩戴心脏起搏器的特殊人群也能够做核磁共振了。图 2.18 展示了从分子到金属、然后到人体组织的零磁场核磁共振成像，如右边两张图展示的手指和人脑的成像。尽管现在成像的清晰程度还不如传统技术，但是它没有强磁场，而且还有一个很大的优势，就是成本很低。如果未来能够进入医院，就会大大地降低医疗成本，所以它的应用前景是非常广阔的。

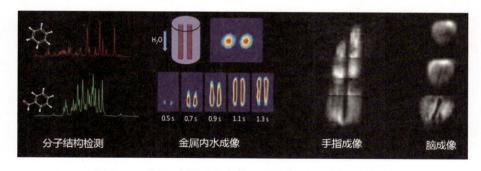

图 2.18　分子、金属以及人体组织的零磁场核磁共振成像

第 3 章　量子力学的"三大奥义"

3.1　微观世界运行的操作手册

前面介绍的这些量子信息技术,都不需要多少理论基础就可以了解,相当于一道开胃菜。而后面要介绍的,就需要对量子力学原理有相当多的了解才行,否则就如同天书。因此,这一章我们就来深入地介绍量子力学原理。

学习量子力学,首先要克服的是一种心理障碍。许多人都听说过"不自量力(不要自学量子力学)""量子力学量力学,随机过程随机过""遇事不决,量子力学;解释不通,穿越时空"之类的笑话,于是一提到量子力学腿就软了,觉得自己肯定学不明白。还有很多像"连爱因斯坦都理解不了量子力学"或者"费曼说,没有人理解量子力学"之类的说法,更加使人望而却步。这些玄而又玄的说法,让很多人以为量子力学是一种"玄学"或者"禅机",是一片模糊,是一种类似脑筋急转弯或者诡辩的东西。

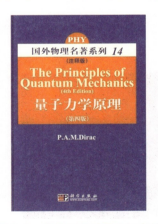

图 3.1　英国物理学家狄拉克的名著《量子力学原理》

好,我们首先要打破的就是这种错觉。正确的理解是,量子力学本身是很清晰的,你完全可以学懂!

量子力学是一套清晰的数学框架,可以比作微观世界运行的一本操作手册(图 3.1)。全世界有数以百万计的科技人员熟悉这本操作手册,就像全世界有数以百万计的管道工熟悉管道操作一样。根据这本操作手册,我们能对微观世界的运行做出精确的预测,并且跟实验符合得极好。

例如 2020 年 12 月,法国科学家圭拉提-凯利法(Saïda Guellati-Khélifa)的团队在《自然》(*Nature*)上

038　量子科学出版工程(第二辑)
Quantum Science Publishing Project (II)

量子信息简话:给所有人的新科技革命读本
A Brief Introduction to Quantum Information:for Everyone to Understand the New Scientific Revolution

发表文章，把一个基本常数“精细结构常数”的测量精度提高到了万亿分之八十一，即 8.1 $\times 10^{-11}$（图 3.2）。他们发现，在这么高的精度上，测量结果跟理论预测仍然一致。

Article | Published: 02 December 2020

Determination of the fine-structure constant with an accuracy of 81 parts per trillion

Léo Morel, Zhibin Yao, Pierre Cladé & Saïda Guellati-Khélifa

Nature **588**, 61–65 (2020) | Cite this article

7783 Accesses | **20** Citations | **299** Altmetric | Metrics

图 3.2　论文《以万亿分之八十一的精度确定精细结构常数》①

选读内容：精细结构常数

精细结构常数（α）是处于最低能量的氢原子中电子的速度与光速的比值，约等于 1/137。这是物理学中一个非常重要的基本常数，实验家们不断地在刷新它的测量精度。2020 年 12 月，圭拉提-凯利法等人对精细结构常数的测量结果是：$1/\alpha =$ 137.035 999 206(11)。

那么为什么有许多大科学家认为量子力学难以理解呢？难理解的是这本微观世界的操作手册“为什么”是这样的，这是一个哲学层面的问题。而这本操作手册本身是十分清楚的。好比你拿到《九阴真经》，虽然不明白里面很多地方为什么这么写，但你照着练就能成为武林高手。

我并不反对大家去思考量子力学的哲学问题，但在此之前，你应该先学清楚量子力学的数学框架，否则乱谈哲学毫无意义。学清楚量子力学的数学框架，还能对

① 参见 https://www.nature.com/articles/s41586-020-2964-7。

很多量子力学的应用技术获得深入的了解。这正是本章的目的。

实际上,量子力学的内容非常丰富。例如在我自己的专业"理论与计算化学"中,大部分的内容是围绕如何求解**薛定谔方程**(Schrödinger equation)展开的。如果我们要完整地讲述量子力学,那么好几本书都不够。

选读内容:薛定谔方程

薛定谔方程是非相对论性量子力学(non-relativistic quantum mechanics)中描述一个体系的波函数(wave function)随时间演化的基本方程。它由奥地利物理学家薛定谔在 1926 年提出,形式如下:

$$\hat{H}\psi = i\hbar \frac{\mathrm{d}\psi}{\mathrm{d}t}$$

其中,$\hat{H}$ 是体系的哈密顿算符(Hamiltonian,即能量算符),ψ 是体系的波函数,$\hbar$ 是普朗克常数 h 除以 2π,$\mathrm{d}\psi/\mathrm{d}t$ 是波函数对时间的一阶导数。通过解薛定谔方程,就能确定体系的波函数、能量以及一切可观测性质。例如,通过解氢原子和氢分子的薛定谔方程,就能预测 1.3 节中提到的氢原子能级以及 1.4 节中提到的氢分子能量。

但本书中我们关注的是量子信息,即量子力学与信息科学的结合。而从信息科学的角度来看,量子力学中值得利用的主要有三点:**叠加**(superposition)、**测量**(measurement)和**纠缠**(entanglement)。开玩笑地说,我们不妨称之为"三大奥义"。如果了解了这三大奥义,你的知识水平就超越了 99.9% 的人。

这三大奥义在很多地方违反宏观世界的常识,所以乍看起来可能让人难以接受。但重要的是,早已有许多实验验证了它们的正确性。在阅读下文时,每当你感到"这怎么可能"的时候,请记住,这些原理不是某个人心血来潮向壁虚构的,而是近百年来无数实验反复证明的,其应用范围几乎涉及我们身边所有事物。如果这些原理是错的,你的电视就开不了机,手机就通不了信,计算机就算不了东西,灯管就发不了光。所以在目前的认识范围内,科学界把这些原理视为真理。

下面我来具体解释这三大奥义,其中要用到一些数学符号和公式——因为这

040　量子科学出版工程(第二辑)
Quantum Science Publishing Project(Ⅱ)

量子信息简话:给所有人的新科技革命读本
A Brief Introduction to Quantum Information:for Everyone to Understand the New Scientific Revolution

是最容易理解的方式。如果完全用日常语言来描述,会多费很多口舌,还说得不清不楚。许多文章令人越看越糊涂,就是这个原因。而用数学语言来描述,就能准确简洁地阐明这三大奥义。

如果你真心想理解量子信息,超越吃瓜群众的水平,就一定要跨越这个心理障碍,勇敢地面对数学。这样做了以后,你就会发现,其实并不难,你完全可以做到!

3.2　第一大奥义:量子叠加

这个奥义的精髓,是用**量子比特**(quantum bit,简写为 qubit)取代了经典比特(bit)。

我们平时说一个文件、一个硬盘有多少兆(M)、多少吉(G)、多少太(T)等,指的是有这么多的字节(byte),1 个字节等于 8 个比特。比特是信息操作的基本单元,意思是一个体系有且仅有两个可能的状态,在这两个状态中二选一就是一个比特的信息量。这两个状态经常用"0"和"1"来表示。所以比特就好比一个开关,它只有开和关两个状态。

那么量子比特是什么呢? 我们可以把量子比特比作一个旋钮。旋钮跟开关的区别在于,旋钮是连续可调的,它可以指向任何一个角度。也就是说,**量子比特不是只有两个状态,而是有无穷多个状态**。

选读内容:布洛赫球

实际上,这是一种简化的说法。如果去看量子信息的教材和论文,会看到标准的讲法是**布洛赫球**(Bloch sphere),以瑞士和美国籍物理学家菲利克斯·布洛赫(Felix Bloch,1905 — 1983,图 3.3)命名。布洛赫是 1952 年诺贝尔物理学奖得主,他对前面提到的能带理论与核磁共振都有奠基性贡献。

图 3.3　菲利克斯·布洛赫

布洛赫球的描述是:一个比特对应一个球面上的两点,即南北两极,而一个量子比特对应一个球面上的所有点(图 3.4)。之所以一个旋钮会扩展成一个球,是因为量子力学中会用到复数(complex number),即形如 $x + iy$ 的数,其中 i 是 −1 的平方根,x 和 y 是实数。

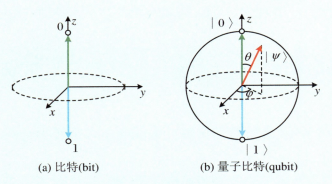

(a) 比特(bit)　　　　　(b) 量子比特(qubit)

图 3.4　布洛赫球

下文中提到的 a 和 b,即两个基本状态在一个叠加态中的系数,其实都是复数。也就是说,它们不仅可以取

$$a = \frac{1}{\sqrt{2}}, \quad b = -\frac{1}{\sqrt{2}}$$

也可以取

$$a = \frac{1}{\sqrt{2}}, \quad b = -\frac{i}{\sqrt{2}}$$

如此等等。不过考虑到相当多的读者要理解简化的内容都有困难,如果一上来就引入复数,大家的脑子恐怕更是要一下子炸了,所以本书将采用简化的比喻——旋钮。这个比喻虽然简化,但抓住了一个要点,量子比特有无限多个状态,这是跟布洛赫球同样正确的。熟悉复数的读者,阅读后面的内容时可以随时切换回这个选读内容,想想真正严格的表述应该是怎样的。

让我们看一个具体的例子:**偏振光**(polarized light)。学过电磁学的人知道,光是一种电磁波,不断地产生电场和磁场。如果电场位于某个确定的方向,我们就说这束光是偏振的(图 3.5)。

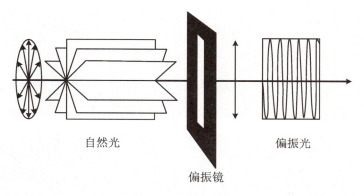

自然光　　　　　　　　　　　　偏振光

偏振镜

图 3.5　偏振光

任何方向的偏振都是可以出现的（图 3.6），例如 0°的水平偏振、90°的垂直偏振，以及 45°和 135°的倾斜偏振。所以一个偏振的光子就像一个旋钮，可以作为一个量子比特。

(a)　　　　　　　　　　　　　　　(b)

图 3.6　不同方向的偏振光

如果你学过初中数学，就知道一个平面上的每一个方向对应一个矢量（vector）。这个矢量从坐标轴的原点指向单位圆上的一个点，单位圆就是半径为 1 的圆（图 3.7）。

当你看到这个矢量的图像，立刻就会明白，两个方向矢量的叠加可以产生其他方向的矢量。例如 0°和 90°的矢量相加，就得到 45°的矢量。0°和 90°的矢量相减，就得到 -45°的矢量。

两个矢量可以各自乘以一个常数，然后再相加，这叫作**线性叠加**（linear super-position，图 3.8）。任何一个角度，比如说 30°、60°的矢量都可以表示成 0°和 90°的矢量的某种线性叠加。

你很容易注意到，0°和 90°其实并没有什么特别之处。圆上的一个点和另一个点，有本质的区别吗？显然没有，所有点的地位都是平等的。

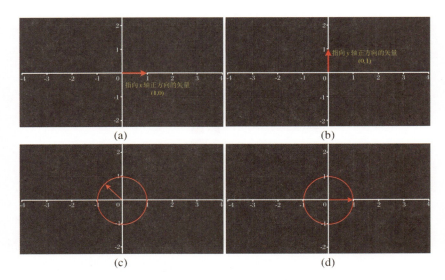

图 3.7　矢量和单位圆

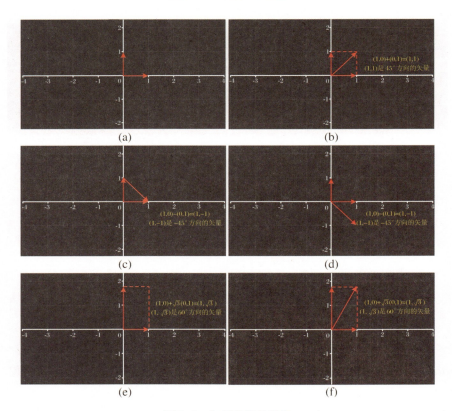

图 3.8　矢量的线性叠加

044　量子科学出版工程(第二辑)
Quantum Science Publishing Project (Ⅱ)

量子信息简话:给所有人的新科技革命读本
A Brief Introduction to Quantum Information:for Everyone to Understand the New Scientific Revolution

如果我们愿意，我们也可以用 45° 和 −45° 这两个矢量叠加，来产生任何其他矢量（图 3.9）。例如，45° 和 −45° 的矢量相加，就得到 0° 的矢量；45° 和 −45° 的矢量相减，就得到 90° 的矢量。

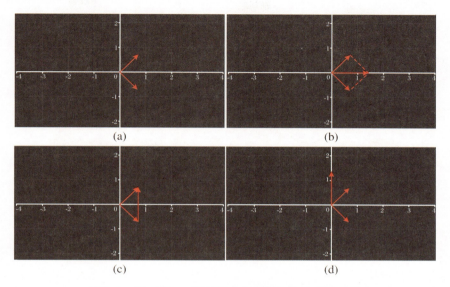

图 3.9 用 45° 和 −45° 的两个矢量叠加产生其他矢量

所以对量子比特来说，真正重要的是存在两个基本状态，其他所有状态都可以表示成这两个基本状态的叠加。至于把哪两个状态指定为基本状态，是 0° 和 90°，还是 45° 和 −45°，那是无所谓的。

这就好比我们学习解析几何（analytic geometry）时，首先要画出 x 轴和 y 轴，即选择一个坐标系。在选定坐标系后，我们就可以把平面上任何一点用一组 (x, y) 的坐标来表示，这就可以进行代数运算了。但 x 轴和 y 轴的方向其实是无所谓的，无论你怎么取，最终计算的结果都一样。比如有两个点相距 1 米，那么在任何坐标系中计算出来的这个距离肯定都是 1 米，不可能换个坐标系就变成了 2 米（图 3.10）.

真正重要的是，最初要选择两个互相垂直的坐标轴。基于类似的考虑，在量子力学中，我们把两个互相垂直的状态矢量称为一个**基组**（basis set）。例如 0° 和 90° 就构成一个基组，45° 和 −45° 也构成一个基组。

坐标系怎么取并不重要，重要的是一定要有一个坐标系。同样地，基组怎么取并不重要，重要的是一定要有一个基组。开个玩笑，对很多年轻人来说，长辈的逼婚往往就是：你的对象是什么人并不重要，重要的是你一定要有一个对象！

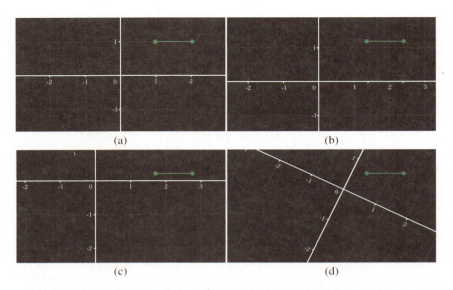

图 3.10　两点间的距离与坐标系的选定无关

　　为了方便地表述这些内容,我们引进一种数学符号来表示量子力学中的状态。这个符号是这个样子:一个尖括号"$|\rangle$",一头竖直一头尖。在这个尖括号中填一些字符,就可以表示状态的特征。

　　比如,我们经常把 $0°$ 的状态写成 $|0\rangle$,把 $90°$ 的状态写成 $|1\rangle$,把 $\pm45°$ 的状态分别写成 $|+\rangle$ 和 $|-\rangle$(图 3.11)。

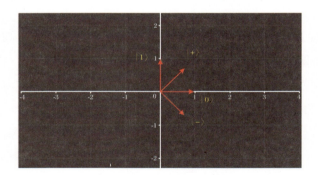

图 3.11　狄拉克符号

　　这种符号是英国物理学家狄拉克(Paul Adrien Maurice Dirac,1902 — 1984,图 3.12)发明的,称为**狄拉克符号**(Dirac notation)。

　　用狄拉克符号,我们就很容易用 $|0\rangle$ 和 $|1\rangle$ 的线性叠加来表示 $|+\rangle$ 和 $|-\rangle$(图 3.13):

$$|+\rangle = \frac{|0\rangle + |1\rangle}{\sqrt{2}}$$

$$|-\rangle = \frac{|0\rangle - |1\rangle}{\sqrt{2}}$$

之所以会在分母中出现 $\sqrt{2}$，是因为我们要保持矢量的长度为 1。把两个长度为 1、互相垂直的矢量相加，得到的结果是一个位于它们平分线方向的矢量，长度为 $\sqrt{2}$。为了让它的长度回到 1，我们需要除掉这个 $\sqrt{2}$。

图 3.12　保罗·狄拉克

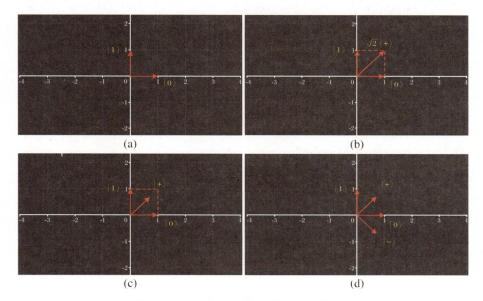

图 3.13　|0⟩ 和 |1⟩ 的叠加产生 |＋⟩ 和 |－⟩

同样地，我们也很容易用 |＋⟩ 和 |－⟩ 的线性叠加来表示 |0⟩ 和 |1⟩：

$$|0\rangle = \frac{|+\rangle + |-\rangle}{\sqrt{2}}$$

$$|1\rangle = \frac{|+\rangle - |-\rangle}{\sqrt{2}}$$

充分理解偏振光这个例子后，我们就可以描述普遍的情况了。在量子力学中有一条基本原理，叫作**叠加原理**（superposition principle）：如果两个状态是一个体系允许出现的状态,那么它们的任意线性叠加也是这个体系允许出现的状态。

　　例如,我们已经知道,水平偏振和垂直偏振是偏振光允许出现的两个状态。这个原理告诉我们,水平偏振和垂直偏振的任意线性叠加,即任意方向的偏振,也是允许出现的状态。

　　用精确的数学语言来表达,叠加原理说的就是:如果一个体系能够处于 $|0\rangle$ 和 $|1\rangle$,那么它也能处于任何一个 $a|0\rangle + b|1\rangle$(图 3.14),这样的状态称为**叠加态**(superposition state)。这里的 a 和 b 是两个数,它们可以取任何值。对它们唯一的限制,就是它们绝对值的平方和等于 1,即 $|a|^2 + |b|^2 = 1$,这是为了保持矢量的长度不变。

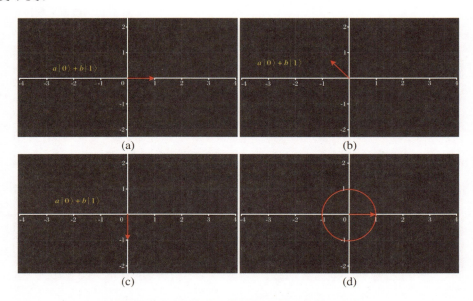

图 3.14　$a|0\rangle + b|1\rangle$ 指向单位圆上的某一个点

　　在偏振光的例子中,如果用 $|0\rangle$ 和 $|1\rangle$ 作为基组,那么 $|+\rangle$ 和 $|-\rangle$ 就是它们的叠加态。对于 $|+\rangle$ 来说,

$$a = b = \frac{1}{\sqrt{2}}$$

对 $|-\rangle$ 来说,

$$a = \frac{1}{\sqrt{2}}, \quad b = -\frac{1}{\sqrt{2}}$$

我们也可以用|＋⟩和|－⟩作为基组,那么|0⟩和|1⟩就是它们的叠加态。

很好,你已经学会了量子比特和叠加原理。一个比特好比一个开关,一个量子比特好比一个旋钮。一个比特只有两个状态,一个量子比特却有无穷多个状态。所以,量子比特能干的事情显然比经典比特能干的事情多。如果你充分理解了这些,你的知识水平就超过了90%的人!

3.3　第二大奥义:量子测量

这个奥义的精髓,在于**真正的随机性**(true randomness)。

说到测量,所有人都会同意它是非常重要的。但是,测量在量子力学中的重要性比在经典力学中的重要性高得多。

在经典力学中,测量过程跟其他过程服从同样的物理规律。你相信某个物体首先具有某些确定的性质,如确定的位置、确定的速度,然后你去测量这些性质。无论你看或不看,它都在那里。

正如一句著名的诗:“你见,或者不见我,我就在那里,不悲不喜。”顺便说一句,许多人以为这首诗是17世纪的诗人、第六世达赖喇嘛仓央嘉措写的,其实不是,它是当代女诗人谈笑靖(扎西拉姆·多多)写的。仓央嘉措泪流满面! 总而言之,在经典力学中,你可以随便看。

选读内容:《班扎古鲁白玛的沉默》[①]

你见,或者不见我

我就在那里

不悲不喜

你念,或者不念我

情就在那里

不来不去

你爱,或者不爱我

[①] 这首诗出自扎西拉姆·多多的《疑似风月中集》,2007年5月15日撰写于北京。

爱就在那里

不增不减

你跟，或者不跟我

我的手就在你手里

不舍不弃

来我的怀里

或者

让我住进你的心里

默然，相爱

寂静，欢喜

可是在量子力学中，测量就跟其他过程有本质的区别了！一个物体并不一定事先具有确定的性质，而你"看"的这个操作本身，就有可能造成不可逆的变化。简而言之，在量子力学中，你不能随便看。仓央嘉措再次泪流满面（图3.15）！

图 3.15　仓央嘉措的诗句

量子力学中的测量，具体是怎么回事呢？

首先，你必须指定一个基组。比如对于偏振光，你可以用 0°和 90°即 $|0\rangle$ 和 $|1\rangle$ 这个基组，也可以用 ±45°即 $|+\rangle$ 和 $|-\rangle$ 这个基组，总之必须要先确定一个。正如上节说的长辈逼婚：你的对象是什么人无所谓，重要的是要有一个对象！

在确定了基组之后，我们开始测量。重点来了：**测量的结果有两种情况，取决于待测量的态是不是基组中的一个态。**

第一种情况,待测的态就是基组中的一个态,比如在$|0\rangle$和$|1\rangle$的基组中测量$|0\rangle$。这种情况的测量结果很简单,就是态不变。进去是什么,出来还是什么。

第二种情况,待测的态不是基组中的一个态,也就是说,它是两个基组状态的叠加态。这时会出现惊人的结果:这个态会发生**突变**(图3.16)!也常有人把这个突变称为"塌缩""坍缩"(collapse)或类似的词。这个突变是瞬间发生的,**不需要时间**,是一个真正意义的突然变化。

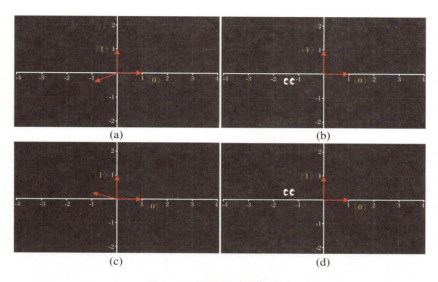

图 3.16　测量导致状态突变

我们需要强调一下,**测量时的突变是量子力学中最神奇的地方之一**(图3.17)。你可能听说过量子力学有很多违反日常直觉的地方,简直是一门玄学,那么这其中有一大半就是由测量造成的。

你也许想问:测量时为什么会突变?对不起,我们不知道。目前我们只能确认,这条原理是正确的,因为由它推出的可观测结果都跟实验符合。但为什么会这样,这背后有没有更深刻的原因,当前的科学还没有答案。

图 3.17　理查德·费曼说:没有
人真正懂得量子力学

更具体地说,对突变的定量描述是这样的:如果在$|0\rangle$和$|1\rangle$的基组中测量$a|0\rangle+b|1\rangle$,那么这个态会以$|a|^2$的概率变成$|0\rangle$,以$|b|^2$的概率变成$|1\rangle$。由

于只可能有这两种结果,所以这两个概率相加等于1,这刚好对应我们前面说的

$$|a|^2 + |b|^2 = 1$$

让我们看一个具体的例子,在$|0\rangle$和$|1\rangle$的基组中测量$|+\rangle$。回顾一下,

$$|+\rangle = \frac{|0\rangle + |1\rangle}{\sqrt{2}}$$

在这里,

$$a = b = \frac{1}{\sqrt{2}}$$

所以结果就是,有一半的概率得到$|0\rangle$,一半的概率得到$|1\rangle$。

同样的道理,在$|0\rangle$和$|1\rangle$的基组中测量$|-\rangle$,结果也是有一半的概率得到$|0\rangle$,一半的概率得到$|1\rangle$(图3.18)。换一个基组来看,在$|+\rangle$和$|-\rangle$的基组中测量$|0\rangle$或者测量$|1\rangle$,结果都是有一半的概率得到$|+\rangle$,一半的概率得到$|-\rangle$。

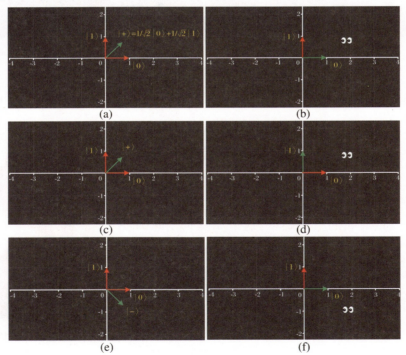

图3.18 在$|0\rangle$和$|1\rangle$的基组中测量$|+\rangle$和$|-\rangle$

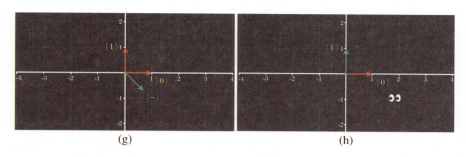

图 3.18　在 $|0\rangle$ 和 $|1\rangle$ 的基组中测量 $|+\rangle$ 和 $|-\rangle$（续）

以偏振光为例，就能明白这些例子对应什么具体的操作了．让一束偏振光去过一个偏振片（polarizer），如果两者的偏振方向相同，就会完全通过。如果这两个方向垂直，就会完全通不过。如果两者的夹角 θ 在 $0°$ 到 $90°$ 之间，就会有一定的概率通过，一定的概率不通过。具体而言，通过的概率是 $\cos^2\theta$。这叫作**马吕斯定律**（Malus Law，图 3.19），由法国物理学家马吕斯（Étienne-Louis Malus，1775 — 1812）在 1808 年发现。

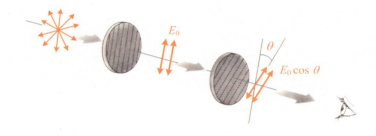

图 3.19　马吕斯定律

比如，水平偏振光过水平方向的偏振片会完全通过。水平偏振光过垂直方向的偏振片，会完全被挡住。$45°$偏振光过水平方向的偏振片，会有一半的概率通过，一半的概率通不过。水平偏振光过 $45°$ 方向的偏振片，也会有一半的概率通过，一半的概率通不过。

需要注意，在后面这两个例子中，一个光子过了就是过了，没过就是没过，不会有"半个光子"过去。好比你考试，过了就是过了，没过就是没过，不会有"半个你"过了。（学渣泪流满面……）我们在前面说过，光子是光的量子，只能有一个光子、两个光子，不能有半个光子。而这个光子一旦过去，就变成了偏振片的方向，而不是原来的方向了。

另一个常见的例子,是"薛定谔的猫"。一只猫处于|死⟩和|活⟩等权重的叠加态,那么一测量就会发现它有一半的概率死,一半的概率活。

把叠加和测量结合起来,你就可以理解,为什么许多科普著作中都说量子力学允许你同时处于两个地方,或者说允许一个粒子同时处于0和1的状态。这些都是比喻。而严格的表述是:对这个叠加态的测量会以一定的概率得到这个结果,一定的概率得到那个结果。

总结一下,我们可以把对叠加态的测量理解为"削足适履":给你一组可选的状态,跟你都不一样,而你必须在其中选择一个,就只好随机挑了。

在这里有一个歪打正着的比喻,是"八仙过海"中铁拐李的故事。据说铁拐李原本是一位翩翩公子,"F4"级别的帅哥。由于修仙有成,他应邀上天去参加太上老君的"学术活动"。临走时,他告诉学生自己要元神出窍七天,嘱咐学生照看好自己的身体。参加完学术活动回来,却发现学生已经把自己的身体火化了。(难道是因为考试没给他通过?)这时鸡马上就要叫了,如果他找不到可附体的对象就要魂飞魄散。他发现周围有几个可附体的尸体,只得在其中随便选择一个了!(原来的故事是只有一个尸体,但量子力学中的一个基组至少要有两个态可供选择,这是个重点。)不料这个尸体是一个拐子,于是帅哥李就变成了铁拐李。(结论是,学术活动害死人啊……)

猪八戒要说话了:喂喂喂,你的运气已经不错啦,不要不知足!早跟你说了,投胎是个技术活儿!其实跟投胎相比,撞天婚是我更喜欢的"测量",只可惜真真、爱爱、怜怜是个假的"基组"……

选读内容:本征态、本征值与测不准原理

你也许想问,上面只是讲了测量以后状态变不变,但测量一个**物理量**的结果究竟是什么呢?比如,测量一个体系的能量会得到什么?

量子力学教科书里对此有详细的回答,但必须要用到很多数学,所以在本书正文里没讲。在这里,我来大致地叙述一下,但不详细解释其中的术语。因为解释清楚会需要很多篇幅,而大多数人还是看不懂。

首先,量子力学中每一个物理量都对应一个相应的**算符**(operator),常用字母上加一个"三角帽子"来表示。算符就是一种运算规则,作用在一个函数上得到一个函数。例如,"乘以一个常数"就是一个算符,"求导"也是一个算符。两个常见的例子是,一维的位置算符 $\hat{x}$ 是"乘以 x",即

$$\hat{x}f(x) = xf(x)$$

而一维的动量算符 $\hat{p}$ 是"对 x 求导再乘以 $-i\hbar$",即

$$\hat{p}f(x) = -i\hbar\frac{df(x)}{dx}$$

让我们把一个一般的物理量 A 对应的算符写成 $\hat{A}$,这个 A 可以是任何物理量,如位置、动量、角动量、能量。

然后,每一个算符都对应一系列**本征值**(eigenvalues)和**本征态**(eigenstates)。这些术语的定义是,如果

$$\hat{A}|\psi\rangle = a|\psi\rangle$$

其中 $|\psi\rangle$ 是一个态,a 是一个数,那么就称 $|\psi\rangle$ 是 $\hat{A}$ 的本征态,a 是这个本征态对应的本征值。

如果 $|\psi\rangle$ 是 $\hat{A}$ 的本征值为 a 的本征态,那么对这个态测量 A 这个物理量,必然就得到 a 这个值。这种情况下测量结果是完全确定的,没有随机性。

如果 $|\psi\rangle$ 不是 $\hat{A}$ 的本征态,那么对这个态测量 A 这个物理量就不会得到一个确定的值,而是会在若干个可能的值中随机地出现一个。比如,

$$|\psi\rangle = c_1|\psi_1\rangle + c_2|\psi_2\rangle$$

其中 $|\psi_1\rangle$ 和 $|\psi_2\rangle$ 分别是 $\hat{A}$ 的本征值为 a_1 和 a_2 的本征态,那么测量的结果就会是:体系以 $|c_1|^2$ 的概率变成 $|\psi_1\rangle$,同时测得 a_1;以 $|c_2|^2$ 的概率变成 $|\psi_2\rangle$,同时测得 a_2。

当对同样的体系 $|\psi\rangle$ 做多次测量后,得到 A 的平均值(average value)或者期待值(expectation value)就是

$$\langle A\rangle = |c_1|^2 a_1 + |c_2|^2 a_2$$

因此,我们可以精确地预测多次测量后的期待值,但不能预测单次测量的结果。

可以证明,在一个态 $|\psi\rangle$ 下某个物理量 A 的期待值等于

$$\langle A \rangle = \langle \psi | \, \hat{A} \, | \psi \rangle$$

右边那种表达式叫作**内积**(inner product)，表示两个矢量之间的重叠程度。这里出现了"$\langle |$"这样的符号，它也是狄拉克符号，称为**左矢**(bra)，而平时见到的"$| \rangle$"称为**右矢**(ket)。Bra 和 ket 连起来影射 bracket(括号)，表示它们组成共轭的一对。$\hat{A} | \psi \rangle$ 是 $\hat{A}$ 这个算符作用在 $| \psi \rangle$ 这个右矢上得到的右矢，$\langle \psi | \hat{A} | \psi \rangle$ 就是 $\langle \psi |$ 这个左矢对应的右矢即 $| \psi \rangle$ 与 $\hat{A} | \psi \rangle$ 这个右矢之间的内积。学过线性代数(linear algebra)的人，会很容易理解这些概念。

同一个物理量 A 对应两个不同本征值 a_1 和 a_2 的本征态 $| \psi_1 \rangle$ 和 $| \psi_2 \rangle$ 之间的内积必然等于 0，这是一条定理。而每一个态跟自己的内积必然等于 1，这是量子态的定义。因此

$$\langle \psi_1 | \psi_1 \rangle = \langle \psi_2 | \psi_2 \rangle = 1$$
$$\langle \psi_1 | \psi_2 \rangle = 0$$

实际上，量子比特的两个基本状态 $| 0 \rangle$ 和 $| 1 \rangle$ 影射的正是 $| \psi_1 \rangle$ 和 $| \psi_2 \rangle$，即

$$\langle 0 | 0 \rangle = \langle 1 | 1 \rangle = 1$$
$$\langle 0 | 1 \rangle = 0$$

有了这些基础后，就可以定义一个态 $| \psi \rangle$ 下物理量 A 的**不确定度**(uncertainty)。A 的所有可能的测量值及其概率组成一个分布，不确定度就是这个分布的展宽，即

$$\Delta A = \langle (A - \langle A \rangle)^2 \rangle = \langle A^2 \rangle - \langle A \rangle^2$$

由此可以证明一条定理，关于任意两个物理量 A 和 B 的不确定度 ΔA 和 ΔB 之间的关系为

$$\Delta A \Delta B \geqslant \frac{1}{2} | \langle AB - BA \rangle |$$

这条定理叫作**不确定性原理**(uncertainty principle)，也就是俗称的**测不准原理**。是的，**测不准原理**其实是一条定理！这条定理的证明不难，量子力学教科书一两页

就可以写清楚。基本思路是柯西-施瓦茨不等式（Cauchy-Schwarz inequality），好比三角形的两边之和大于第三边。

这条定理的关键是，$\langle \hat{A}\hat{B} - \hat{B}\hat{A} \rangle$ 指的是 "$\hat{A}\hat{B} - \hat{B}\hat{A}$" 这个算符在 $|\psi\rangle$ 这个态下的期待值，而 "$\hat{A}\hat{B} - \hat{B}\hat{A}$" 这个算符并不见得等于 0，因为 $\hat{A}$ 和 $\hat{B}$ 是两个算符，而不是数。也就是说，**算符不一定满足交换律**。当它们不可交换的时候，就会导致两个不确定度的乘积有下限。

例如，把前面举的 x 和 p 的算符的例子代进去，就会发现

$$(\hat{x}\hat{p} - \hat{p}\hat{x}) f(x) = x\left(-\mathrm{i}\hbar\right)\frac{\mathrm{d}f(x)}{\mathrm{d}x} + \mathrm{i}\hbar\frac{\mathrm{d}\left[xf(x)\right]}{\mathrm{d}x} = \mathrm{i}\hbar f(x)$$

因此

$$\hat{x}\hat{p} - \hat{p}\hat{x} = \mathrm{i}\hbar$$

由此就可以推出，对于任何一个态 $|\psi\rangle$，都有

$$\Delta x \Delta p \geqslant \hbar/2$$

这就是最常见的不确定关系，它意味着一个粒子的位置和动量不可能同时取确定值。还有很多类似的不确定关系。

测不准原理非常著名，但许多人把它理解为"量子力学是模糊一团，什么都不能预测"，这就大错特错了。其实这条定理反映的是两个物理量的展宽之间的关系，这是一个完全客观的描述。正如正文中举的把精细结构常数测准到万亿分之八十一的例子，量子力学其实是人类已知的最精确的理论之一。

在哲学上，**量子力学的测量导致一个重大后果：改变了我们对因果性的理解**。在经典力学中，同样的原因必然导致相同的结果，量子力学却不是这样。

在量子力学中，如果某个测量有一半的概率得到 A、一半的概率得到 B，那么我们可以预测多次实验的结果。把同样的初始状态制备很多份，把这个实验重复很多次，那么会有接近一半的次数得到 A，接近一半的次数得到 B。但对于单独的一次实验，我们就完全无法预测它得到 A 还是 B。也就是说，**同样的原因可以导致**

不同的结果！这是真正的随机性，是量子力学的一种本质特征。

你可能会问：经典力学中也有随机性，掷硬币不就是一半概率朝上，一半概率朝下吗？回答是：那是**伪随机**（pseudo randomness），不是真随机。

掷硬币的结果难以预测，是因为相关的外界因素太多，包括硬币出手时的方位、速度、空中的气流等等。也就是说，**经典力学中的概率来自信息的缺乏**。

你可以通过减少这些因素的干扰来增强预测能力。例如在真空中掷硬币，消除气流；用机器掷硬币，固定方向和力度。最终，你可以确定地掷出某一面，或者使掷出某一面的机会显著超过另一面。电影中的赌神就是这样炼成的！

但在量子力学中，测量结果的概率是由体系本身的状态决定的，不是由于外界的干扰，不是由于缺少任何信息。因此，**我们无法预测得更多**。

比如给你一个处于|＋⟩的粒子，在|0⟩和|1⟩的基组中测量它，有什么办法可以保证这次得到|0⟩吗？回答只能是：没有任何办法。我们唯一可说的就是，有一半的概率得到|0⟩。正如歌剧《卡门》唱的：爱情是一只不羁的鸟儿，任谁都无法驯服……

一个很容易想到的问题是：有没有可能这个体系还存在其他一些我们不了解的变量，这些变量决定了测量的结果？回答是：在原则上这当然是可能的，但大多数物理学家并不认为这种想法很有用。前半句容易理解，而后半句不容易理解，所以让我们来解释一下。

图3.20　大卫·玻姆

在量子力学的历史上，这样的想法叫作**隐变量理论**（hidden variable theory）。例如美国物理学家大卫·玻姆（David Joseph Bohm，1917 — 1992，图3.20）就提出了一种著名的隐变量理论，用量子势（quantum potential）和导航波（pilot wave）来解释量子力学现象。

但到目前为止，各种隐变量理论都没有取得特别大的成功，因为它们做出的预测跟标准的量子力学理论完全相同，无法分辨。除了在哲学层面让某些人感到舒服外，没有任何真正的好处，甚至要花的计算量还更大。既然这样，我们为什么要费这个劲去多引进这些变量？直接用标准的量子力学理论不就得了？

科学哲学中有一个常用的判据——奥卡姆剃刀（Occam's razor），由14世纪英格兰的逻辑学家、圣方济各会修士奥卡姆的威廉（William of Occam）提出，它说的是"如无必要，勿增实体"。因此，对绝大多数物理学家来说，隐变量理论就被奥卡姆剃刀剃掉了。

量子力学的测量不仅在哲学层面上造成了重大影响，在应用层面上也非常有价值，因为它是目前**唯一的一种产生真随机数的办法**。许多数学应用都需要用到随机数。如果你的随机数不随机，能被别人预测，那就会造成严重的后果，例如信息泄露、金融资产失窃等等。

现在你让计算机输出一个随机数，它立刻就可以做到。比如用 excel 之类的软件，让它输出一个 rand()。但这些都是伪随机数，因为它们是用确定性算法加上一个初始数值（"种子"，seed）算出来的。如果种子相同，那么算出的随机数必然相同。比如你打游戏的时候存盘、取盘，希望改变结果。但如果你保存了种子，那么无论你取多少次盘，结果都会一模一样，该打输的仗还是会打输。这就是伪随机数的典型表现。

只有量子力学的测量，会在精确重复执行同一个操作的时候得到不同的结果，所以是真随机数。著名物理学家费曼讲过一个故事。他有一次在图书馆翻开一本书，是一个随机数表，结果居然从书中掉出一张勘误表！他一开始觉得很好笑，随机数还要勘什么误？仔细一看发现确实需要勘误，因为这些随机数是通过对宇宙线（cosmic ray）的测量产生的——我们认为宇宙线打到某个地方确实是一个真随机事件。

2018年9月19日，中国科大60周年校庆时，潘建伟研究组在《自然》（*Nature*）发表文章，在世界上首次实现了"器件无关的量子随机数产生"（device-independent quantum random-number generation，图 3.21）。这个术语的意思是，即使用来产生随机数的仪器被敌人控制了，仍然可以保证产生真正的随机数。它是用下一节讲的量子纠缠实现的。如果你不明白具体原理，没关系，至少可以理解，中国在量子随机数方面的研究处于世界领先地位。

现在你已经学会了三大奥义中的两个：叠加和测量。你的知识水平，已经超过了99%的人！

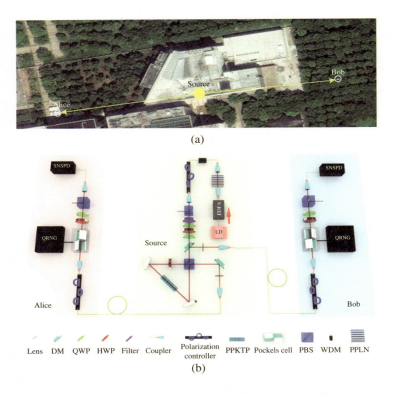

图 3.21　器件无关的量子随机数产生实验示意图①

3.4　第三大奥义：量子纠缠

啊，量子纠缠。你肯定听说过这个词，对不对？而且还听说过很多神奇的说法，对不对？例如，量子纠缠是一种神秘的超时空感应，量子纠缠推翻了相对论，量子纠缠的原理没有人知道，量子纠缠来自高维空间，量子纠缠说明灵魂存在，量子纠缠让我们对世界的认识崩塌了……简直神乎其神。

实际上，一句话就可以对这些说法给出判断：**全都是错的！** 这些全都是一知半解、不懂装懂的人写的，诈唬更多不懂的人。

其实量子纠缠并不神秘，它是量子力学**预言**的一种现象，而且早就在实验上**证实**了。只要是学过量子力学的人，都能理解量子纠缠。如何理解呢？这就涉及前

---

① 参见 https://www.nature.com/articles/s41586-018-0559-3/figures/1。

060　量子科学出版工程(第二辑)
Quantum Science Publishing Project (Ⅱ)

量子信息简话：给所有人的新科技革命读本
A Brief Introduction to Quantum Information：for Everyone to Understand the New Scientific Revolution

面讲的叠加和测量这两大奥义。如果你没学过这两大奥义,你肯定无法理解量子纠缠。而如果你学过这两大奥义,你就肯定能理解量子纠缠。

回顾一下,量子力学中的叠加原理说的是:如果两个状态是一个体系可以取到的状态,那么这两个状态的任何线性叠加也是这个体系可以取到的状态。重点来了:**叠加原理不仅适用于一个粒子,它也适用于多个粒子**。这么一用,就会产生惊人的后果。

打个比方,我们现在把一个粒子比喻成一朵玫瑰。这朵玫瑰有两个基本状态,好比说是红色和白色(图 3.22)。然后,我们来考虑两朵玫瑰的状态。

按照日常熟悉的语言,两朵玫瑰的状态很简单,就是分别描述两朵玫瑰处于什么颜色,比如 A 是红玫瑰,B 是白玫瑰。但量子力学的做法不是这样。它首先问的是,这个双粒子体系有哪些基本状态?

图 3.22 张爱玲小说《红玫瑰与白玫瑰》

回答是,总共有 4 个基本状态:A、B 都红,A、B 都白,A 红 B 白以及 A 白 B 红。后面,我们把这四个状态简称为红红、白白、红白和白红。实际上,就是把 A 的两个基本状态和 B 的两个基本状态乘起来,总共有 $2 \times 2 = 4$ 个双粒子基本状态。

这个 4 不是 $2 + 2 = 4$,而是 $2 \times 2 = 4$。如果有 3 个粒子,就会有 2 的 3 次方即 8 个基本状态,而不是 $2 \times 3 = 6$。一般地,如果有 n 个粒子,就会有 **2 的 n 次方个基本状态**(图 3.23)。

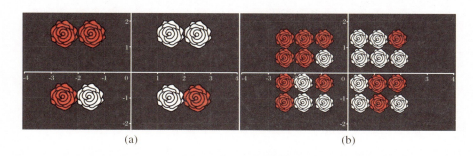

(a)   (b)

图 3.23 双粒子体系和三粒子体系的基本状态

到这里为止,一切都很平常。下面,就是见证奇迹的时刻。

让我们考虑这样一个双粒子状态,它等于"红红"和"白白"这两个状态等权重

的叠加。用前面讲的狄拉克符号表示，就是

$$\frac{|\text{红红}\rangle + |\text{白白}\rangle}{\sqrt{2}}$$

对这个态去测量，我们会得到什么呢？

　　对于玫瑰 A，我们会有一半的概率发现它处于红色，一半的概率发现它处于白色。对于玫瑰 B，同样也是如此。但真正惊人的是，这两者的颜色总是相同的！如果 A 是红玫瑰，那么 B 也是红玫瑰；如果 A 是白玫瑰，那么 B 也是白玫瑰（图 3.24）。

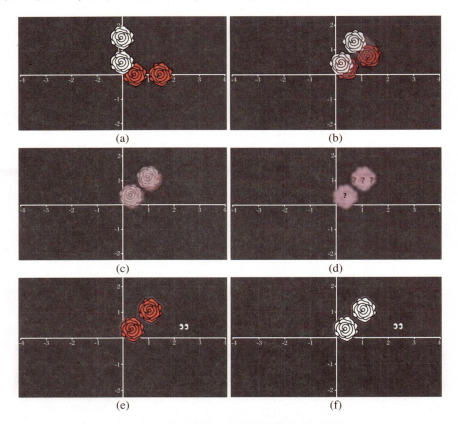

图 3.24　"红红"加"白白"叠加态的量子纠缠

　　这就是量子纠缠。现在大家明白了吧？量子纠缠并没有任何神秘的原因，只是因为我们选择的初始状态就是这样而已。**只要你同意量子力学中的叠加和测量这两个原理，你就一定会得到纠缠这种现象。**

　　我们也可以选择另一种初始状态，它等于"红白"和"白红"这两个状态等权重的叠加。用狄拉克符号表示，就是

量子信息简话：给所有人的新科技革命读本
A Brief Introduction to Quantum Information：for Everyone to Understand the New Scientific Revolution

$$\frac{|红白\rangle + |白红\rangle}{\sqrt{2}}$$

对这个态去测量,结果就会是:这两者的颜色总是相反的。如果 A 是红玫瑰,那么 B 就是白玫瑰。如果 A 是白玫瑰,那么 B 就是红玫瑰。这也是量子纠缠。事实上,这两个例子都非常常见。

有许多文章说量子纠缠导致两个粒子的状态总是相同,也有许多文章说量子纠缠导致两个粒子的状态总是相反。你也许早就在嘀咕:到底是啥? 实际上,这两个是同类型的现象,只是初始状态不同而已。

所以量子纠缠的效果,应该说是:**各个粒子的测量结果各自都是随机的,但这些随机数之间存在关联**。这个关联可以是相同的,也可以是相反的,还可以是中间程度的,比如说有 90% 的概率相同。但如果有 50% 的概率相同就不叫有关联,而应该叫没有关联,因为两个完全独立的取 0 和 1 的变量也会有 50% 的概率相同。

你也许会问:任何一个双粒子态都存在量子纠缠吗? 答案是:否。

很明显,红红、白白、红白和白红这 4 个基本状态就没有量子纠缠。因为它们的测量结果是完全确定的,没有随机。这是简单的例子,还有复杂的例子。

来考虑这样一个态,它是这 4 个基本状态等权重的叠加,即

$$\frac{|红红\rangle + |红白\rangle + |白红\rangle + |白白\rangle}{2}$$

乍一看,这个态很复杂。但仔细分析一下,就会发现这个态很简单。它的测量结果会是,A 和 B 各自都有一半的概率是红,一半的概率是白。而且重要的是,A 和 B 的结果完全不相关(图 3.25)。所以,它也**没有**量子纠缠。

现在,你对量子纠缠的了解已经超过了绝大多数人。如果你还想知道更严格的描述,那就是:多粒子态分为两类——**纠缠态**(entangled state)和**直积态**(direct product state)。如果一个多粒子态能够分解为多个单粒子态的乘积,这就是直积态,直积是直接乘积的意思。如果一个多粒子态不能分解为多个单粒子态的乘积,这就是纠缠态。

在直积态中,每一个粒子各自都有一个确定的状态,所以我们可以说这个体系是"粒子 1 处于某态,粒子 2 处于某态"。但在纠缠态中,每一个粒子本身都没有确定的状态,所以我们不能说这个体系是"粒子 1 处于某态,粒子 2 处于某态",只能

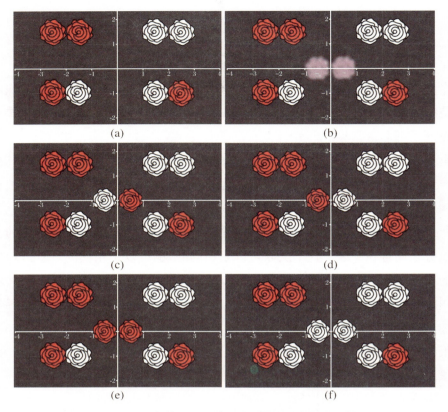

图 3.25　4 个基本状态等权重的叠加没有量子纠缠

说它整体是什么状态。

　　打个比方就是,纠缠态中的粒子紧密地纠缠在一起,各自都不能单独确定。这就是纠缠态这个名字的来源。

　　如果你还想用数学符号精确地把这些理论表达出来,请看下面的选读内容。如果你完全能看懂,就真的是专家了。

　　此外,叠加态和纠缠态这两个概念也值得辨析一下,对量子力学略有所闻的人很容易把它们混为一谈。其实,叠加态可以是单粒子态也可以是多粒子态,而纠缠态必然是多粒子态(在非常特殊的情况下,可以有单粒子的多个性质之间的纠缠态,不过初学者不会接触到这种特殊的构造)。一个态是不是叠加态取决于基组,即它是等于基组中的某一个状态,还是等于基组中所有状态的线性叠加。因此,一个态是不是叠加态是相对的,通过变换基组总可以让它是叠加态,或让它不是叠加态。而一个态是不是纠缠态是绝对的,因为它跟基组毫无关系,只取决于它能否分解为多个单粒子态的乘积。

选读内容:纠缠态与分离变量

一个态是不是纠缠态,在数学上是一个"分离变量"的问题。

拿出一个二元函数 $F(x, y)$,来试着把它写成一个关于 x 的函数 $f(x)$ 与一个关于 y 的函数 $g(y)$ 的乘积,也就是说,寻找 $f(x)$ 和 $g(y)$,使得

$$F(x, y) = f(x) g(y)$$

如果可以,我们就说 $F(x, y)$ 是可以"**分离变量**"的。如果不行,我们就说它不能分离变量。同样的定义可以推广到二元以上的函数,例如 $F(x, y, z)$ 是否可以写成 $f(x)g(y)u(z)$,就是这个三元函数能不能分离变量。

显然,有些二元函数是可以分离变量的。例如

$$F(x, y) = xy$$

你取 $f(x) = x$ 和 $g(y) = y$ 就可以了。(这是一道送分题!)又如

$$F(x, y) = xy + x + y + 1$$

仔细看看你就会发现它等于 $(x+1)(y+1)$,所以取 $f(x) = x + 1$ 和 $g(y) = y + 1$ 即可。

然而,如果

$$F(x, y) = xy + 1$$

呢?这时你就会发现,无论如何也不能把它表示成 $f(x)g(y)$。

对此可以用反证法证明如下:假设

$$F(x, y) = f(x) g(y)$$

那么 y 取两个值 y_1 和 y_2 时,

$$F(x, y_1) = f(x) g(y_1)$$
$$F(x, y_2) = f(x) g(y_2)$$

这两个式子相除,就会把 $f(x)$ 消掉,得到

$$\frac{F(x,y_1)}{F(x,y_2)} = \frac{g(y_1)}{g(y_2)}$$

等式的右边 $\frac{g(y_1)}{g(y_2)}$ 是一个与 x 无关的数,因此等式的左边 $\frac{F(x,y_1)}{F(x,y_2)}$ 也必须是一个与 x 无关的数。可是对于

$$F(x,y) = xy + 1$$

设 $y_1 = 0$,得到 $F(x,y_1) = 1$;设 $y_2 = 1$,得到 $F(x,y_2) = x + 1$。两者相除得到

$$\frac{F(x,y_1)}{F(x,y_2)} = \frac{1}{x+1}$$

跟 x 有关。因此初始的假设不对,$F(x,y) = xy + 1$ 不能分离变量。

在量子力学中,体系的状态可以用一个函数来表示,称为**态函数**(前面我们把一个状态理解为一个矢量,这里又把它理解为一个函数,这两者都是成立的,学过线性代数的人很容易理解这一点)。单粒子体系的态函数是一元函数,多粒子体系的态函数是多元函数。如果这个多元函数可以分离变量,也就是可以写成多个一元函数直接的乘积,我们就把它称为直积态。如果它不能分离变量,我们就把它称为纠缠态。

在量子力学中,我们常常用类似 $|00\rangle$ 的狄拉克符号来表示两粒子体系的状态,其中第一个符号表示粒子 1 所处的状态,第二个符号表示粒子 2 所处的状态,$|00\rangle$ 就表示两个粒子都处于自己的 $|0\rangle$ 态。同理,$|01\rangle$ 表示粒子 1 处于自己的 $|0\rangle$ 态、粒子 2 处于自己的 $|1\rangle$ 态,$|11\rangle$ 表示两个粒子都处于自己的 $|1\rangle$ 态,如此等等。

这些状态都是直积态,体系整体的二元态函数就是两个粒子各自的一元态函数的乘积。对于直积态,你在测量粒子 1 的时候,不会影响粒子 2 的状态,所以你可以说"粒子 1 处于某某状态,粒子 2 处于某某状态"。这就是分离变量的结果。

下面我们来考虑这样一个状态:

$$|\beta_{00}\rangle = \frac{|00\rangle + |11\rangle}{\sqrt{2}}$$

它是 $|00\rangle$ 和 $|11\rangle$ 的一个叠加态。这个态是不是直积态呢?也就是说,$\frac{|00\rangle + |11\rangle}{\sqrt{2}}$

能不能写成

$$(a\,|0\rangle + b\,|1\rangle)(c\,|0\rangle + d\,|1\rangle)$$

（前一个括号中是粒子1的状态,后一个括号中是粒子2的状态）?

你立刻就会发现:不能。假如可以的话,因为这个状态中不包含$|01\rangle$,所以

$$ad = 0$$

于是a和d中至少有一个等于0。但是如果$a=0$,$|00\rangle$就不会出现;而如果$d=0$,$|11\rangle$又不会出现。无论如何都自相矛盾,所以假设错误,$|\beta_{00}\rangle$不是直积态,而是纠缠态。这就意味着,不能用"粒子1处于某某状态,粒子2处于某某状态"这样的语言来描述这个态,你只能说这个体系整体处于$|\beta_{00}\rangle$状态。

在对$|\beta_{00}\rangle$做测量时,你对它测量粒子1的状态,会以一半的概率使整个体系变成$|00\rangle$,此时两个粒子都处于自己的$|0\rangle$;以一半的概率使整个体系变成$|11\rangle$,此时两个粒子都处于自己的$|1\rangle$。**你无法预测单次测量的结果,但你可以确定,粒子1变成什么,粒子2也就同时变成了什么。**两者总是同步变化的。好比成龙的电影《双龙会》中有心灵感应的双胞胎,一个做了某个动作,另一个无论相距多远都会做同样的动作。

类似地,可以定义另一个态:

$$|\beta_{01}\rangle = \frac{|01\rangle + |10\rangle}{\sqrt{2}}$$

这个态的特点是,你对它测量粒子1的状态,会以一半的概率发现粒子1处于$|0\rangle$,粒子2处于$|1\rangle$;另一半的概率发现粒子1处于$|1\rangle$,粒子2处于$|0\rangle$。你无法预测单次测量的结果,但你可以确定,粒子1变成什么,粒子2就同时变成了相反的状态。

3.5 量子纠缠的历史与未来

量子纠缠是如何发现的呢? 非常奇妙,它本来是为了**推翻**量子力学而提出的,而且其中的"带头大哥"就是爱因斯坦!

如前所述,爱因斯坦是量子力学早期的奠基人之一,而且他获得诺贝尔奖都不是因为提出相对论,而是因为提出光量子即光子的理论。但随着量子力学的发展,爱因斯坦对量子力学的许多特性,如前面说的测量结果的随机性产生了深深的怀疑。

他认为每个粒子在测量之前都应该处于某个确定的状态,而不是等到测量之后,否则就不能叫作"物理实在"(physical reality)。所以为了反驳量子力学,爱因斯坦经常问人:"你是否相信月亮只有在我们看它的时候才存在?"

1935年,爱因斯坦和他的两位助手鲍里斯·波多尔斯基(Boris Podolsky,1896 — 1966)和内森·罗森(Nathan Rosen,1909 — 1995)提出了一个思想实验,后人用他们姓氏的首字母把他们三人合称为EPR。先让两个粒子处于

$$|\beta_{00}\rangle = \frac{|00\rangle + |11\rangle}{\sqrt{2}}$$

的状态,这样一对粒子称为"EPR对"。把这两个粒子在空间上分开很远,可以任意远。然后测量粒子1。如果你测得粒子1在$|0\rangle$,那么你立刻就知道了粒子2现在也在$|0\rangle$。

EPR问:既然两个粒子已经离得非常远了,粒子2是怎么知道粒子1发生了变化,然后发生相应的变化的? EPR认为两个粒子之间出现了"鬼魅般的超距作用"(spooky action at a distance),信息传递的速度超过光速,违反了狭义相对论。所以,量子力学肯定有毛病。

这是一个深邃的问题,量子力学的另一位奠基人玻尔为此跟爱因斯坦进行过激烈的辩论(图3.26)。玻尔的回答是:处于纠缠态的两个粒子是一个整体,绝不能

图3.26　玻尔与爱因斯坦

把它们看作彼此独立无关的,无论它们相距多远。当你对粒子 1 进行测量的时候,两者是同时发生变化的,并不是粒子 1 变了之后传一个信息给粒子 2,粒子 2 再变化。所以这里没有发生信息的传递,并不违反狭义相对论。

仔细想一想,你就会明白 EPR 实验没有传输信息。如果 Alice(爱丽丝)希望把一个比特的信息"0"或"1"传给远处的 Bob(鲍勃),那么双方需要事先约定好如何表示这个信息,比如 Alice 想传"0"时就让 Bob 测得粒子 2 处于 $|0\rangle$,Alice 想传"1"时就让 Bob 测得粒子 2 处于 $|1\rangle$。假如 Alice 能控制测量的结果,比如这次 Alice 一定会让粒子 1 处于 $|0\rangle$,那么 Alice 确实就能给 Bob 传一个"0"。

但是,量子力学的精髓恰恰在于测量的结果是随机的,你不能控制,所以 EPR 实验不能这么用。Alice 测量粒子 1 得到的是一个随机数,Bob 测量粒子 2 得到的也是一个随机数,只不过这两个随机数必然相等而已。**你想传一个比特,可是 EPR 对完全不听你指挥,所以你传不了任何信息。**既然没传输信息,当然就不违反狭义相对论了。

实际上狭义相对论说的是,传输信息不能超光速。但**量子纠缠并不传输信息,所以它完全可以超光速。**

不传输信息而超光速的现象本来就有很多。例如体育馆里一群观众组成人浪,如果每一个人都要看前一个人的动作来决定自己的动作,那么人浪的传播速度就不能超光速。但如果每一个人都是按照预先设定好的程序来运动,互相之间不传输信息,这个站起那个坐下,中间的间隔可以任意短,那么在表观上人浪的传播速度就可以超光速。这完全是允许的。

选读内容:最高效的量子纠缠教学方法

经常有人用这样的比喻来说明量子纠缠:设想有兄弟两人,一个在地球上,一个在火星上,不知道哪个是老大,哪个是老二。然后我们做个测量,发现地球上这位是老大,那么我们立刻就知道了火星上那位是老二。类似地,还经常用手套、鞋子等左右成双的物品来比喻。

这些比喻都很好,但少了一个要素:测量结果的随机性。在这些例子中,测量结果是事先就确定的,测量只不过是把已有的信息发掘出来。而在真正的量子纠缠中,测量结果是事先不确定的,同样的初始状态可以得到不同的结果,这才是它的神奇之处。

经常有人听了这些比喻就以为自己明白了量子纠缠，这是一个严重的误解。那些只是经典的关联，用日常经验就能做到，而量子纠缠不是日常经验能够做到的。还经常有人听到这些比喻后产生怀疑，认为量子纠缠是个骗局，因为这原理太简单了。实际上，量子纠缠的原理比这些复杂得多。

因此，我们教和学量子纠缠的时候，最好一上来就按照本书的办法保持数学的准确性。这样看似复杂，其实是最简单的。

有一位科技传播工作者跟我说过，她曾经采访潘建伟老师两个小时，结果却无法写出稿件，因为始终搞不明白量子纠缠是怎么回事，听了再多的比喻也还是一头雾水。后来她只得放弃了量子信息这个领域，专心去做生物学等比较形象的领域的传播了。然后我跟她说，我给你换一种方式来解释量子纠缠，看看是不是容易理解。我给她讲了用是否可分离变量（见 3.4 节的选读内容）来定义量子纠缠，她立刻就听懂了！这个故事说明，不走捷径就是最大的捷径。

在爱因斯坦和玻尔的时代，人们只能对 EPR 问题进行哲学辩论，无法通过实验做出判断。1964 年，英国（北爱尔兰）物理学家约翰·贝尔（John Stewart Bell，1928 — 1990）指出，可以设计一种现实可行的实验，把双方的矛盾明确表现出来。

对两粒子体系测量某些物理量之间的关联程度，如果按照 EPR 的观点，这些物理量在测量之前就有确定的值，那么这个关联必然小于等于 2。而按照量子力学，对于某些纠缠态测量这个关联，会发现它等于 $2\sqrt{2}$，大于 2。这个"关联小于等于 2"的不等式叫作**贝尔不等式**（Bell's inequality），量子力学的特征是它可以不满足贝尔不等式。

所以每当你听到新闻说检验贝尔不等式，你就会知道**违反这个不等式才是意料之中的结果**，违反意味着"一切正常，量子力学又赢了"。这是一种很反直觉的语言，很容易把外行绕得晕头转向。

选读内容：贝尔不等式

以下对贝尔不等式的例子，出自经典教材《量子计算和量子信息》的 2.6 节"EPR 和 Bell 不等式"。

假设 Alice 和 Bob 两个人手里各有一个粒子。Alice 手里的粒子有 Q 和 R 两

070　量子科学出版工程（第二辑）
Quantum Science Publishing Project（Ⅱ）

量子信息简话：给所有人的新科技革命读本
A Brief Introduction to Quantum Information：for Everyone to Understand the New Scientific Revolution

个性质,每次实验时她随机地在这两个性质中选一个来测量。Bob 手里的粒子有 S 和 T 两个性质,每次实验时他也随机地在这两个性质中选一个来测量。所有这些 Q、R、S、T 的测量结果都只有两种:$+1$ 和 -1。把双方的测量值乘起来,每次实验我们就会得到 QS、RS、QT、RT 这四者之一。

假如 Q、R、S、T 的取值在测量前就已经确定了(这是一个关键的假设!),我们来考虑这四个量之间的下列关联:

$$QS + RS + RT - QT = (Q + R)S + (R - Q)T$$

你也许会奇怪,为什么不全是加号,而是在最后出来一个减号。请看下去,妙处自现。

既然 Q 和 R 都是 ± 1,那么上面两个括号里的量 $Q + R$ 和 $R - Q$ 中肯定有一个是 0,另一个是 ± 2。再考虑到 S 和 T 也是 ± 1,因此 $(Q + R)S$ 和 $(R - Q)T$ 中肯定有一个是 0,另一个是 ± 2。因此它们俩加起来肯定等于 ± 2。

如果你完全理解了这一点,很好,我们继续往下看。以上讨论说的是,对于给定的一组 Q、R、S、T,测量 $QS + RS + RT - QT$ 必定得到 2 或者 -2。然后我们假设 Q、R、S、T 有一个概率分布,比如叫作 $p(q, r, s, t)$,以此表示每一个大写字母取小写字母的值的概率。做多次测量后,请问:这个关联的期待值 $\langle QS + RS + RT - QT \rangle$ 会怎么样?

显然,这个期待值肯定在 -2 至 2 之间,即

$$
\left| \langle QS + RS + RT - QT \rangle \right| = \left| \sum_{q,r,s,t} p(q,r,s,t)(qs + rs + rt - qt) \right|
$$
$$
\leqslant \left| \sum_{q,r,s,t} p(q,r,s,t) \times 2 \right| = 2
$$

只有在每次测量时 $qs + rs + rt - qt$ 都等于 2,才会让它的期待值达到最大值 2。只有在每次测量时 $qs + rs + rt - qt$ 都等于 -2,才会让它的期待值达到最小值 -2。

这都是显而易见的,对吧?这就是贝尔不等式。它唯一的假设就是:Q、R、S、T 的取值在测量前就已经确定了。或者说,Q、R、S、T 在测量之前就有自己的真实的取值。

没学过量子力学的人,可能会觉得这些简直都是废话。每个物理量当然是在测量前就有一个真实的取值,这还需要假设吗?这完全是常识嘛!

其实这就是爱因斯坦和波多尔斯基、罗森的观点,他们认为物理实在肯定是这样的,否则就不叫物理实在。现在你明白爱因斯坦问的"是否相信月亮只在我们看它的时候才存在"是什么意思了吧?我们可以把这种观点称为**局域实在论**或**定域实在论**(local realism)。

定域的意思是,假设信息传输不能超光速,即 Alice 和 Bob 每次的测量真的是对本地自己手里粒子固有性质的测量,而没有共谋篡改数据。在实验上,这要求他们两人离得足够远,两个测量的时间离得足够近,以保证光速乘以测量时间差小于距离。经典力学当然满足定域实在论,但定域实在论的范围比经典力学还宽,因为它对物理量之间具体的关系完全没有要求,只要求它们在测量之前有个取值而已。

量子力学挑战的就是定域实在论。在此之前,这种挑战只能作为哲学辩论。但在有了贝尔不等式之后,就可以正面硬撼了。请看下面这个双粒子的量子态:

$$|\psi\rangle = \frac{|01\rangle - |10\rangle}{\sqrt{2}}$$

它是一个纠缠态。把第一个粒子给 Alice,第二个粒子给 Bob。他们各自对自己手里的粒子测量如下的性质:

$$Q = Z_1$$
$$R = X_1$$
$$S = \frac{-(Z_2 + X_2)}{\sqrt{2}}$$
$$T = \frac{Z_2 - X_2}{\sqrt{2}}$$

这些 Z 和 X 的定义是(在这里必须用到 3.3 节选读内容"本征态、本征值与测不准原理"中提到的算符概念,Z 和 X 这些性质的定义就是它们对应的算符作用到 $|0\rangle$ 和 $|1\rangle$ 时的效果):

$$Z|0\rangle = |0\rangle$$
$$Z|1\rangle = -|1\rangle$$
$$X|0\rangle = |1\rangle$$
$$X|1\rangle = -|0\rangle$$

用3.3节选读内容中提到的本征值与本征态的概念,可以证明 Q、S、R、T 的本征值都是 ± 1(读者可以把这作为一个练习),所以它们确实对于单次测量都必然取 $+1$ 或 -1。下面这些具体的计算需要用到3.3节选读内容中的不少概念,如果看不明白可以跳过,直接看结果。

下面来示范如何计算 $\langle QS \rangle$,其他的都同样可以计算出来。

$$QS = \frac{-Z_1(Z_2 + X_2)}{\sqrt{2}}$$

因此,计算 $\langle QS \rangle$ 归结为计算两部分:$\langle Z_1 Z_2 \rangle$ 和 $\langle Z_1 X_2 \rangle$。

根据 Z、X 和 $|\psi\rangle$ 的定义,就会发现:

$$Z_1 Z_2 |\psi\rangle = Z_1 Z_2 \frac{|01\rangle - |10\rangle}{\sqrt{2}} = \frac{|10\rangle - |01\rangle}{\sqrt{2}} = -|\psi\rangle$$

$$Z_1 X_2 |\psi\rangle = Z_1 X_2 \frac{|01\rangle - |10\rangle}{\sqrt{2}} = -\frac{|00\rangle + |11\rangle}{\sqrt{2}}$$

由此得到

$$\langle Z_1 Z_2 \rangle = \langle \psi | Z_1 Z_2 | \psi \rangle = -\langle \psi | \psi \rangle = -1$$

(实际上,$\langle \psi | \psi \rangle$ 必须等于 1,这就是为什么它的定义式里有个 $\sqrt{2}$),

$$\langle Z_1 X_2 \rangle = \langle \psi | Z_1 X_2 | \psi \rangle = \frac{(\langle 01 | - \langle 10 |)(|00\rangle + |11\rangle)}{2} = 0$$

(根据 $\langle 0|1 \rangle = 0$ 就会发现这一点,因为这个表达式的展开中每项都会出现某个粒子的 $\langle 0|1 \rangle$)。

因此,

$$\langle QS \rangle = -\frac{\langle Z_1 Z_2 \rangle + \langle Z_1 X_2 \rangle}{\sqrt{2}} = \frac{1}{\sqrt{2}}$$

根据同样的算法,很快就会算出:

$$\langle RS \rangle = \frac{1}{\sqrt{2}}, \quad \langle RT \rangle = \frac{1}{\sqrt{2}}, \quad \langle QT \rangle = -\frac{1}{\sqrt{2}}$$

大家都是$\frac{1}{\sqrt{2}}$,只不过前三个是正的,最后一个"搞特殊"是负的。回头再看要求的关联,也是只有最后一项"搞特殊"出现一个负号。结果你会惊讶地发现:

$$\langle QS + RS + RT - QT \rangle = 4 \times \frac{1}{\sqrt{2}} = 2\sqrt{2} \approx 2.828 > 2$$

本来前边已经推出这个期待值不可能超过2,现在却忽然发现它可以等于$2\sqrt{2}$,你说这是为什么? 这只能说明,前面那个**基本假设"每个物理量在测量之前就有确定的值"是错的**。这就是纠缠态的威力,逼迫大家正视"**一个物理量可以在测量之前没有确定的值**"这件事,这正是本章中量子力学的"三大奥义"告诉我们的。

也许你很迷惑:前面不是证明了,对于任何一组 Q、R、S、T 的取值,

$$QS + RS + RT - QT = (Q + R)S + (R - Q)T$$

都必然得到 ±2 吗? 怎么可能期待值变得比 2 高?

其实在量子力学里,对于 $|\psi\rangle$ 这个态,所有这些 Q、R、S、T 以及它们的乘积在测量之前都是不确定的,因为这个态并不是这些物理量的本征态。当对这个态测量 QS 时,会强迫 Q 和 S 取确定值,同时体系塌缩到 Q 和 S 的某个本征态,但 R 和 T 仍然是不确定的。(这可以联系到 3.3 节选读内容中介绍的不确定性原理。)

因此,不能像定域实在论那样把 QS、RS、RT、QT 当成四个预先确定的数,而应该认为它们是在测量时才产生出来的,每次测量一个的时候会测得它等于 ±1。对于连续的四次测量,分别测这四个乘积,有可能会发现每一个都取1,四者加起来达到了 4。当然,也可能连续得到四个 −1,四者相加得到 −4。前面的计算告诉我们,多次测量平均后,期待值会等于 $2\sqrt{2}$。这说明量子力学的关联可以远远超过定域实在论的关联。

其实用量子力学理论可以证明,这个期待值的最大值就是 $2\sqrt{2}$,这叫作 Tsirelson 上限(Tsirelson bound)。因此,我们举的就是一个最大程度违反贝尔不等式的例子。

最后要说的是,以上对定域实在论体系的表达式

$$|\langle QS + RS + RT - QT \rangle| \leqslant 2$$

叫作 CHSH 不等式，以四位提出者的首字母命名。这并不是贝尔最初写出的不等式，而是 CHSH 根据类似的思路改进的表达式，后来成了最常用的形式。所以贝尔不等式并不是一个不等式，而是一类不等式。无论哪一个，作用都是凸显出量子力学与定域实在论之间的矛盾。

到目前为止的实验，很明确地否定了定域实在论。这是人类对物理规律本质认识的重大进步。然而深思起来，我们仍然面临一个选择：**究竟是"定域"错了？还是"实在"错了？还是两者都错了？**这是一个深邃的问题。

从 20 世纪 80 年代开始，法国物理学家阿兰·阿斯佩克特（Alain Aspect）等一系列的研究组在越来越高的精度下做了实验，结果都是在很高的置信度下违反贝尔不等式，量子力学赢了。EPR 的思想实验最初是用来批驳量子力学的，结果却证实了量子力学的正确！

类似的故事在科学史上也常有。19 世纪的时候，光的粒子说和波动说两个阵营打得不可开交。1818 年，支持波动说的奥古斯汀-让·菲涅耳（Augustin-Jean Fresnel，1788 — 1827）计算了圆孔、圆板等形状的障碍物产生的衍射花纹。支持粒子说的西莫恩·德尼·泊松（Simeon Denis Poisson，1781 — 1840）指出，按照菲涅耳的理论，在不透明圆板的正后方中央会出现一个亮点。从常识来看，不应该是暗的吗？于是泊松宣称波动说推出了荒谬的结果，已经被驳倒了。

但是菲涅耳和多米尼克·阿拉果（Dominique François Jean Arago，1786 — 1853）立即做实验，结果显示那里真的有一个亮斑（图 3.27）。学过光学的人能够理解，这是因为所有到达那里的衍射光都经过同样的路程，发生同相的叠加，互相加强。于是结果大反转，波动说大获全胜，粒子说被打入冷宫，直到 1905 年才被爱因斯坦复活。后人很有幽默意味地把这个亮点称为泊松亮斑。这正应了尼采的名言："杀不死我的，使我更强大！"

量子纠缠既然是一个真实的效应，人们就想到要利用它。现在，EPR 对成了量子信息中一个非常有力的工具，虽然它本来是用来推翻量子力学的。对此我们只能说，伟人连错误都是很有启发性的！就像《大话西游》中紫霞仙子看到至尊宝逃跑时的名言："跑都跑得那么帅，我真幸福……"

现在科学家们认为，纠缠是一种新的基本资源，在本质上超越经典资源，就像铁超越青铜那样。不过目前还没有描述纠缠现象的完整理论,我们对这种资源的理解还远不够深入。量子信息的一个主要目标,就是利用这个新资源实现用经典资源不可能或难以完成的任务。

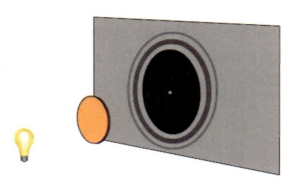

图 3.27　圆盘衍射与泊松亮斑

最后,我们需要指出:量子纠缠是一种多粒子体系的现象,不限于两个粒子,原理上任意多粒子都可以。但粒子越多,量子纠缠制备起来就越困难。例如,纠缠的光子往往是通过某些非线性光学过程制备的。把一束强光打进非线性光学晶体,出来的一部分光子会纠缠起来。纠缠的光子数越多,产生的概率就越低。因此,在实验上,如果需要用到纠缠,那么纠缠就是实验的难点。

量子信息的许多技术都需要用到纠缠,因此难度很大,离实用很远。但有一个重要的技术不需要纠缠,就是本书最后介绍的**量子密码**(quantum cryptography)。因此它发展得很快,目前已经能在很多地方实用了。也就是说,你可以**不跟纠缠纠缠**!

3.6　量子纠缠误解辨析——哲学家的诞生

下面,我们来回答若干关于量子纠缠的常见问题,其实就是纠正若干常见的误解。如果你对这些问题都能理解清楚,你就成为一个哲学家了。

问题 1:量子纠缠的原理是什么?是不是没有人知道?

回答是:如上所述,量子纠缠的原理就是量子力学中的叠加原理和测量理论。**其实量子纠缠是一个被理论预言、然后成功被观察到的现象,而不是意外的实验发现**,所以它的原理怎么会没人知道呢?

问题2:量子力学中的叠加原理和测量理论的原因又是什么?

回答是:这个我们确实不知道。目前能说的只是,从这些理论推出的所有观测结果都跟实验符合,所以我们认为这些理论是正确的。

如果你对此不满意的话,我就需要提醒你一点:这是完全正常的。你只要对一个理论追问下去,很快就会达到人类当前认识水平的极限。

例如你问,苹果为什么会落地(图3.28)? 回答是:因为地球有重力。

图3.28　苹果落地

你再问,地球为什么有重力? 回答是:任何两个有质量的物体之间都存在万有引力(图3.29)。

图3.29　万有引力

到这里为止，都还很简单。你再问，为什么存在万有引力？这个问题一下子就变得非常深奥。爱因斯坦会告诉你，原因是广义相对论，有质量的物体导致时空弯曲（图3.30）。

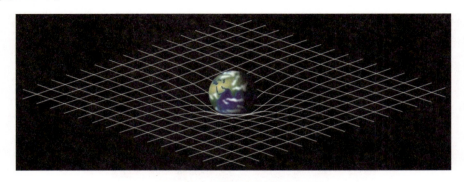

图3.30　质量导致时空弯曲

你再问，质量为什么能导致时空弯曲？这个问题就连爱因斯坦也回答不了你（图3.31），只能说：更深的原因我也不知道，现在只能说事情确实是如此，因为由它推出的观测结果跟实验符合。

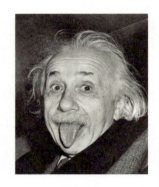

图3.31　爱因斯坦也不知道为什么

你看，你仅仅问了四个问题，就达到了人类当前的认知极限。量子力学和相对论，就是人类目前的两个极限。无论人类取得多大的进步，在任何时刻总是有限的。所以我们必须老老实实地承认自己的所知有限，同时也不能以此为理由就否认已知的知识。

我们会努力探索比量子力学更基本的原理，如果它存在的话。同时在我们所知的范围内，我们应该认为量子力学是正确的，而不是说"下面还没有挖出更深的一层"所以就不承认这一层。

问题3：量子纠缠不需要时间，速度是无穷大，是不是违反了狭义相对论？

回答是：并没有。狭义相对论说的是传输信息不能超光速。但量子纠缠并不传输信息，所以它完全可以超光速。3.5节给出了详细的解释。

问题4：人们经常用心灵感应来形容量子纠缠，例如成龙的《双龙会》，一对双胞胎总是做同样的动作。量子纠缠是不是说明了心灵感应存在？

回答是：并没有。这个比喻很形象，不过仅仅是个比喻而已，只是对现象的描述,完全不涉及原理。心灵感应是否存在,我们还不能确定。但量子纠缠是早已确定存在的,所以这两个现象完全不在一个层面。

问题5:量子纠缠的原理是不是两个相距遥远的粒子在高维空间里连在一起?或者说它们的"内部距离"为零,我们平时看到的三维空间是高维空间的投影?(图3.32)

图3.32 总是掷出相同数字的两个"纠缠"骰子

回答是:这种说法看起来很机智,实际上没有用处。它完全是为了解释量子纠缠这一个现象而提出来的,而且只是定性解释,不能给出任何定量预测,也不能用到任何别的现象上,所以这只是一种语言游戏而已。

历史上出现过一种非常有戏剧性的例子,叫作**船货崇拜**(cargo cults)。它说的是有些与世隔绝的原始部落见到外来的技术时,无法理解原理,把它当作神迹来崇拜。

例如,二战时美军在某些岛屿建立临时基地,岛民对"大铁船"(军舰)和"大铁鸟"(军用飞机)以及其中运送的物资感到十分惊讶,把美军当成了神。二战结束后,美军离开了小岛,这些岛民居然发展出一种宗教。他们穿着美军军服,升起美国国旗,用草和木片扎成了"神鸟"(飞机),清理出一片空地作为机场,甚至晚上还插上火把来引导"神鸟"降落(图3.33)。他们相信,有朝一日"神"会带着更多货物再来,引领他们进入幸福新时代!

如果有个聪明的原始人对飞机造个理论,说有一只大鸟的灵魂在这个铁鸟里面托着它飞,你觉得怎么样呢?这在其他原始人听起来好像很有道理,在内行听起

图 3.33　船货崇拜

来却完全是自作聪明,毫无用处。

真要想理解飞机的原理,你就必须学习空气动力学。如伯努利原理(Bernoulli's principle):机翼下方的空气流速低,压强高;机翼上方的空气流速高,压强低。两者的压强差导致升力(图 3.34)。这才是理解飞机的正道。同样,真要想理解量子纠缠的原理,你就必须学习量子力学,舍此别无他途。

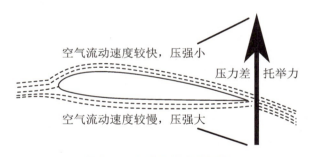

空气流动速度较快,压强小

压力差　托举力

空气流动速度较慢,压强大

图 3.34　伯努利原理示意图

问题 6:量子纠缠是不是证明了灵魂存在? 或者证明了某种神秘主义或者宗教?

回答是:这纯属鬼话连篇。量子纠缠是一个原理很清楚的物理现象,你要拿它来讨论哲学或宗教,至少也应该先搞清楚它是什么!

如果这些问题你都能思考清楚,那么你现在已经是一个量子纠缠专家了。你的知识水平已经超越了 99.99% 的人!

080　量子科学出版工程(第二辑)
Quantum Science Publishing Project (Ⅱ)

量子信息简话:给所有人的新科技革命读本
A Brief Introduction to Quantum Information:for Everyone to Understand the New Scientific Revolution

第 4 章　量子计算的优势何在？

　　了解了量子力学的原理，你显然就会看出量子信息相对经典信息有很多优势。量子精密测量的优势在第 2 章已经介绍过了，量子通信的优势我们留待最后来介绍。这一章，我们集中来介绍量子计算的优势。

　　量子计算究竟有什么优势？对于这个问题的回答可以很简单，也可以很复杂。简单的说法是：量子计算机速度很快，比经典计算机快得多。这个说法是大多数人都能接受的。但真正的问题在于：为什么量子计算机的速度比经典计算机快得多？如何实现这样的速度？这就远不是一两句话能说清楚的，需要大量的细节，而且可能在不少地方让你发现常见的所谓"科普"的说法是错的。

　　因此，本章将从三个角度由浅入深地对量子计算机的优势进行描述。首先是启发性的描述：真实世界是量子的，因此要模拟它在本质上就应该用量子体系，而不是经典体系。然后是操作性的描述：利用叠加与纠缠，量子计算机在处理某些特定问题时能实现指数级的加速。最后是理论性的描述：量子计算机很可能会满足"丘奇-图灵论题"，而推翻"扩展丘奇-图灵论题"。

　　这是一个循序渐进的过程。你可能会在某个地方感到超出了自己的理解能力，没关系，能掌握前面的就好。这三种描述都是正确的，理解到任何一个层面都会让你大大超出普通人的水平，至少对量子计算的新闻会明白它们在说什么。

4.1　启发性描述：用魔法打败魔法，用量子打败量子

　　量子计算的起源之一，是 1981 年伟大的物理学家理查德·费曼（Richard Phillips Feynman，1918 — 1988，图 4.1）的一个演讲。费曼因为提出量子电动力学

图 4.1 理查德·费曼

获得了 1965 年的诺贝尔物理学奖,此外对很多科学领域也都有深刻的洞察和贡献。他对本科生的物理学讲义不但讲解了很多科学知识,而且展示了很多科学的思维方式,几十年来启发了无数的读者,值得向所有人推荐。

1981 年 5 月,费曼早已功成名就,但他对世界的好奇心一如既往的旺盛。他在麻省理工学院举行的"第一届物理与计算会议"(1st conference on Physics and Computation)上,做了一个演讲《用计算机模拟物理》(*Simulating Physics with Computers*,图 4.2),1982 年发表在《国际理论物理杂志》(*International Journal of Theoretical Physics*)上。

International Journal of Theoretical Physics, Vol. 21, Nos. 6/7, 1982

Simulating Physics with Computers

Richard P. Feynman

Department of Physics, California Institute of Technology, Pasadena, California 91107

Received May 7, 1981

1. INTRODUCTION

图 4.2 论文《用计算机模拟物理》

这个演讲的文风充满了费曼的特色。例如开头的几句是(图 4.3):

会议日程说这是一个主旨演讲——而我不知道主旨演讲是啥意思。我不打算以任何方式建议在这次会议上什么应该被作为主旨,或者任何类似这样的东西。我有我自己的东西要讲,要谈论,但绝不意味着任何人需要谈论同样的东西或者任何类似的东西。所以我想谈论的是迈克·德图佐斯(Mike Dertouzos)建议过的,即没有人会谈论的东西。我想谈论用计算机模拟物理的问题,我指的是一种特别的意义,这种意义我将会来解释。

如果没有看过《费曼物理学讲义》或者他的其他著作,看到这样的演讲开场白

082　量子科学出版工程(第二辑)
　　　Quantum Science Publishing Project (Ⅱ)

量子信息简话:给所有人的新科技革命读本
A Brief Introduction to Quantum Information;for Everyone to Understand the New Scientific Revolution

1. INTRODUCTION

On the program it says this is a keynote speech—and I don't know what a keynote speech is. I do not intend in any way to suggest what should be in this meeting as a keynote of the subjects or anything like that. I have my own things to say and to talk about and there's no implication that anybody needs to talk about the same thing or anything like it. So what I want to talk about is what Mike Dertouzos suggested that nobody would talk about. I want to talk about the problem of simulating physics with computers and I mean that in a specific way which I am going to explain. The reason for doing this is something that I learned about from Ed Fredkin, and my entire interest in the subject has been inspired by him. It has to do with learning something about the possibilities of computers, and also something about possibilities in physics. If we suppose that we know all the physical laws perfectly, of course we don't have to pay any attention to computers. It's interesting anyway to entertain oneself with the idea that we've got something to learn about physical laws; and if I take a relaxed view here (after all I'm here and not at home) I'll admit that we don't understand everything.

图 4.3 《用计算机模拟物理》第一段

恐怕会目瞪口呆。但熟悉费曼的人,就会感到这样的语言十分亲切,不但有识别度,有幽默感,而且实质上反映了思考的过程,所以对我们提高自己的思维层次也是很有帮助的。

然后费曼指出,**现在的计算机用来模拟经典力学很成功,但模拟量子力学就会失败,因为计算量会爆炸**。这是为什么呢?因为量子力学里同一个原因会产生不同的结果,我们的描述只能用**概率**的语言(图 4.4)。请回顾一下 3.2 节的量子测量。大家会回想起,这是一个质的区别:我们平常见到的随机都是伪随机,而量子力学里的随机是真随机!

3. SIMULATING PROBABILITY

Turning to quantum mechanics, we know immediately that here we get only the ability, apparently, to predict probabilities. Might I say im-

图 4.4 "在量子力学中我们只能预测概率"

概率为什么会导致计算量爆炸呢?可以这样来理解:对于一维空间中的一个粒子,它只有一个坐标 x,我们可以用一个函数 $f(x)$ 来表示在 x 这个位置找到这个粒子的概率。假如把空间分成 N 个格点,我们就需要知道 $f(x)$ 在这 N 个位置的 N 个取值。

这看起来很简单。但真正的麻烦在于,当我们有 R 个坐标时,概率函数就成了一个多元函数 $f(x_1, x_2, x_3, \cdots, x_R)$。每一个坐标有 N 个取值,所以总共有 N^R

组坐标,我们需要知道这个多元函数的这么多个取值才行。数据量对 R 是**指数增长**(exponential growth)的,这是灾难性的增长(图 4.5)。

We emphasize, if a description of an isolated part of nature with N variables requires a general function of N variables and if a computer stimulates this by actually computing or storing this function then doubling the size of nature $(N \to 2N)$ would require an exponentially explosive growth in the size of the simulating computer. It is therefore impossible, according to the rules stated, to simulate by calculating the probability.

图 4.5 "直接描述量子多粒子体系会导致计算量爆炸"

我们可以举一个最近的例子。中国信息通信研究院发布的《大数据白皮书(2020 年)》提到,2020 年全世界产生的数据量是 47 ZB(图 4.6)。1 ZB 是 10^{21} 字节(byte),1 字节等于 8 比特(bit),47 ZB 就是 4.7×10^{22} 字节或者 3.76×10^{23} 比特。大家平时用的硬盘容量在 1 TB 左右,1 ZB 约等于 10^9 TB,所以 47 ZB 就意味着全世界一年大约填满了 470 亿个硬盘,世界 70 多亿人平均每人每年填满了六七个硬盘。

为迎接更大的数据洪流做好准备

图 4.6 "为迎接更大的数据洪流做好准备"

现在我们来问,什么样的量子体系所需的数据量会超过 47 ZB? 答案令人大吃一惊:8 个粒子就够了。

只要我们在三维空间中取 8 个粒子,每个粒子有 3 个坐标,总共 24 个坐标,即 $R = 24$。每个坐标取 10 个值,即 $N = 10$。这么小的体系,它的概率函数的数据量就是 10^{24},超过了 47 ZB 这个全球一年的数据量! 现在,大家明白量子力学的计算为什么这么困难了吧?

针对这种计算量爆炸,费曼提出了一个办法,就是**用量子体系去模拟量子体系**。我们不是直接用解析的方法去计算多元概率函数,而是构造一个量子体系,它演化的方式跟要模拟的体系在数学上等价(图 4.7)。然后我们去测量这个量子体系的演化结果,也就是取样(sampling)。做若干次取样后,我们就直接知道了这个多元概率函数。当然这会有误差,不过误差范围会随着取样数的增加而减少,跟平时做的统计性实验一样。

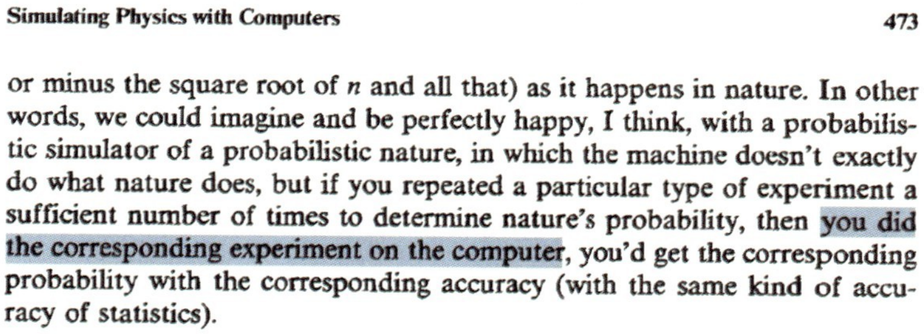
Simulating Physics with Computers 473

or minus the square root of *n* and all that) as it happens in nature. In other words, we could imagine and be perfectly happy, I think, with a probabilistic simulator of a probabilistic nature, in which the machine doesn't exactly do what nature does, but if you repeated a particular type of experiment a sufficient number of times to determine nature's probability, then you did the corresponding experiment on the computer, you'd get the corresponding probability with the corresponding accuracy (with the same kind of accuracy of statistics).

图 4.7 “在计算机上做相应的实验,获得相应的概率”

这种思路可以表述为:只有魔法才能打败魔法,只有量子才能打败量子!

事实上,现在的量子计算机做的任务往往都叫作某某取样。下一章会讲到,2019 年谷歌的“悬铃木”(Sycamore)做的任务叫作**随机线路取样**(random circuit sampling),2020 年中国的“九章”做的任务叫作**玻色子取样**(boson sampling)。看了费曼的演讲,你就会明白这是为什么:因为取样正是适合量子计算机干的事情。

4.2 操作性描述:对特定问题的指数级加速

你可能早已听说过,量子计算机的运算速度特别快,比经典计算机快得多。这听起来很容易理解,就好像“486”比“386”快,“386”比“286”快。如果媒体想解释原理,还会说这是因为量子计算机是**并行计算**(parallel computing),一次能处理很多任务,而经典计算机一次只能处理一个任务(图 4.8)。

然而,如果深究起来,就会发现这种话只能蒙住外行。因为并行计算并不是什么特别的东西,现在的计算机就经常在用。例如所有的超级计算机,神威太湖之光(图 4.9)、天河二号等,都是用大规模并行计算达到超高速度的。

所以,量子计算真正的原理是什么?这绝不是轻而易举就能想到的。

这里的关键在于,**量子计算机不是干什么都特别快,而是只对某些问题特别快**,因为对这些问题能设计出快速的量子算法。也就是说,量子计算机优于经典计算机,并不是像"486"优于"386"那样干什么都强,而是好比你的计算机能运行某个游戏,而别人的计算机不能运行这个游戏,所以在这方面你的计算机强。

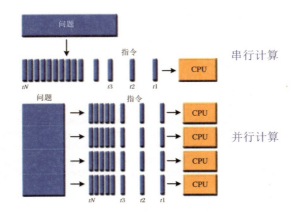

图 4.8　串行运算与并行计算

图 4.9　神威太湖之光

量子计算机为什么会有这样的优势呢? 原因就在于第 3 章讲的量子力学的三大奥义:叠加、测量和纠缠。最基本的道理是,比特只有开和关两个状态,而量子比特有无穷多个状态。所以显然,量子比特有可能做到比经典比特更多的事情。

具体而言,量子比特超越经典比特的办法是这样的。

如果有 n 个经典比特,每一个有两个状态,它们的组合就总共有 2^n 个状态。如果想知道一个操作对 n 个比特产生的效果,就需要把这个操作作用到这 2^n 个状态上,把所有的结果都试一遍。也就是说,需要 2^n 次操作。

2^n 是一个增长非常快的函数。学过数学的人都知道,指数增长比任何多项式增长都要快(图 4.10),比如说比 $n^{10\,000}$ 都快。所以随着 n 的增长,经典计算机的计算量很快就会爆炸。

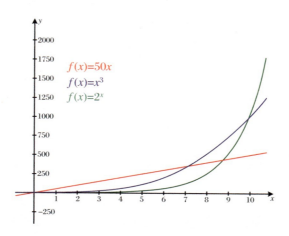

图 4.10 指数增长比任何多项式增长都要快

但对于量子比特,事情就不一样了。一个量子比特有两个基本状态,一个一般的状态等于这两个基本状态的叠加。回顾一下 3.4 节,对于 n 个量子比特的体系,基本状态有 2^n 个,一个一般的状态等于这 2^n 个基本状态的叠加。也就是说,n 量子比特体系的一般状态可以写成

$$c(000\cdots)\,|\,000\cdots\rangle + c(100\cdots)\,|\,100\cdots\rangle + c(010\cdots)\,|\,010\cdots\rangle$$
$$+ \cdots + c(111\cdots)\,|\,111\cdots\rangle$$

其中,每一个 c 都是一个系数,总共有 2^n 个这样的系数。

现在重点来了:对这样一个一般的状态做一次操作,就可以同时改变 2^n 个系数,相当于对 n 个比特的经典计算机进行了 2^n 次操作。**一次操作顶 2^n 次操作!**

这是一个"吓死人"的优势。所谓量子计算机的优势来自并行计算,实际指的就是这个意思。有时媒体说,每增加一个量子比特,量子计算机的计算能力就翻一番,也是这个意思。开玩笑地说,这令人想起《倚天屠龙记》第十章《百岁寿宴摧肝肠》中武当派的"真武七截阵":

这七套武功分别行使,固是各有精妙之处,但若二人合力,则师兄弟相辅相成,攻守兼备,威力便即大增。若是三人同使,则比两人同使的威力又强一倍。四人相当于八位高手,五人相当于十六位高手,六人相当于三十二位,到得七人齐施,犹如六十四位当世一流高手同时出手。

所以，量子计算机**如果使用得当**，就可以带来巨大的加速。原来需要上亿年的任务，现在可能一秒钟就搞定，这是多么惊人的进步！

但是且慢，这一切有一个前提——如果使用得当。什么意思呢？因为把数据读出来是大问题。

你要把这 2^n 个数据读出来，就需要做测量。但我们在3.3节讲过，测量的时候体系的状态会发生突变，落到某一个基本状态上面。结果就是，你虽然一下子获得了 2^n 个数据，但读出的时候又只剩下一个了。

因此，**量子计算确实具有巨大的优势，但这是个潜在的优势，需要非常巧妙的算法才能发挥出来。**只对少数特定的问题，人们设计出了这样的算法。而对于大多数的问题，如**最基础的加减乘除**，量子计算还没有表现出任何优势。

有些科普文章把量子计算机描写成无所不能的，都快成神了，这是重大的误解。量子计算机的强大，是与问题相关的，只针对特定的问题。所以你在看到一个量子计算机的新闻时，应该问："**它处理的是什么问题？**"这样专家一听就知道你是内行。而如果你问一些傻乎乎的问题，如："**打游戏会卡吗？**"专家一听就知道你是外行了！

你也许会感到很失望，连加减乘除都搞不定，原来量子计算没什么用啊？别急。目前已知的能发挥量子计算优势的问题虽然不多，但其中有些就非常重要，例如因数分解（factorization）和无结构数据库的搜索。下一章，我们就会来详细解释这个量子因数分解的例子。

到这里为止介绍的这些内容，已经足以让大家明白两个要点：**一台量子计算机不需要执行所有的任务，只需要执行自己擅长的任务就行；量子计算机的前景不是取代经典计算机，而是和经典计算机联用，各自发挥自己的优势。**

可以用画图的方式形象地表示这些要点。让我们画一个图，横轴表示各种计算问题，纵轴表示性能。经典计算机有一个分布，好比是这样一条线。然后，你觉得量子计算机应该是什么样子的（图4.11）？

对量子计算机完全没有了解的人会觉得，量子计算机应该对所有的问题都比经典计算机快。也就是说，量子计算机的这条线应该整体在经典计算机的这条线的上方。但是错了！大错特错！实际的情况是，量子计算机的这条线只是在某些地方超过经典计算机，像一个锯齿一样脱颖而出（图4.12）。而在其他地方，它跟经典计算机是一样的。由于技术和成本的限制,在那些问题上它的性能其实还不如经典计算机。

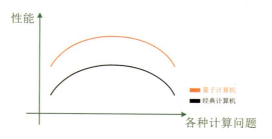

图 4.11　一般人以为的量子计算机

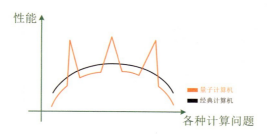

图 4.12　实际的量子计算机

因此,真正有意义的做法是:对于经典计算机已经处理得很好的问题,我们继续用经典计算机;对于量子计算机有优势的问题,我们去用量子计算机。也就是说,量子计算机的前景是与经典计算机联用(图 4.13)。

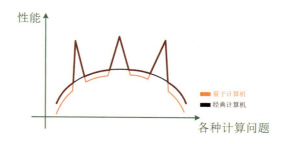

图 4.13　量子计算机与经典计算机联用

实际上,类似的思路现在的计算机已经在使用。例如图形处理器(graphics processing unit,GPU),是专门设计出来做图形加速的,后来又常用于深度学习里的并行计算。现在的个人电脑几乎全都在用 GPU,就是显卡中的芯片。请问,

GPU 能处理所有的任务吗？不能啊。那它没有用处吗？当然不是啊，它非常有用。如果有人要把你电脑中的显卡拔了，你会同意吗？

同样的道理，外行往往以为量子计算机一定要可编程（programmable），要能执行所有的任务，但这完全是拿对经典计算机的刻板印象去套量子计算机而导致的误解。其实我们完全不需要一台量子计算机执行所有的任务，完全可以是若干台量子计算机，每一台执行某一个特定的任务。甚至连若干台都不是必需的，只要有一台量子计算机能执行一个特定的任务，在这个任务上超过经典计算机，就是有用的。

也就是说，**量子计算机有用的关键不在于可编程，而在于在某个任务上超过经典计算机**，也就是在性能曲线的某个地方脱颖而出。用专业术语说，这叫作实现**量子优越性**（quantum advantage）。这个词刚提出来的时候叫作量子霸权（quantum supremacy），后来因为霸权这个说法太容易令人产生负面联想，所以现在更多地叫量子优越性了。但无论叫什么，实质的意思是一样的。

下一章我们会看到，"九章"就是一台这样的量子计算机。这种只能执行某种特定任务的量子计算机，往往被称为专用的量子计算机（specific-purpose quantum computer）或者量子模拟机（quantum simulator）。4.1 节中费曼提出的思路，用量子体系模拟量子体系，正是这种专用的量子计算机。与之相对，可编程的、能执行任意任务的量子计算机被称为通用的量子计算机（general-purpose quantum computer 或 universal quantum computer）。

对普通人来说，需要强调的是：**量子计算机的价值主要在于算得快，而不在于可编程**。长远而言，如果能实现既算得快又可编程，那当然是最好的。但如果要在两者之中挑一个，那肯定应该挑"算得快"。我们希望量子计算机在近中期就能解决一些有实际价值的重大问题，而这样的希望主要来自专用的量子计算机。

4.3 理论性描述：丘奇-图灵论题与扩展丘奇-图灵论题

这里我们要介绍的理论，叫作计算复杂性理论（computational complexity theory），它是计算机科学的重要组成部分和研究前沿。引入这个理论的出发点是思考这样的基本问题：当你的计算机不够用时，该怎么办？显而易见的回答是：换

090　量子科学出版工程（第二辑）
Quantum Science Publishing Project（Ⅱ）

量子信息简话：给所有人的新科技革命读本
A Brief Introduction to Quantum Information：for Everyone to Understand the New Scientific Revolution

一个更快的计算机。

对许多人来说，"换一个更快的计算机"就已经是思维的终点。甚至对许多人来说，"交给计算机去算"就已经是思维的终点，因为他们想象不到还有计算机算不过来的问题。但对内行人来说，这样的回答就太浅薄了，因为他们知道有很多问题是当前的计算机解决不了的。

这里说的解决不了，不是像哥德巴赫猜想或者孪生质数猜想那样完全无从下手，无法证明，而是**计算量太大**，无法在合理的时间内解决。比如一个问题有非常明确的算法，但目前最快的计算机按照那个算法也要算 200 亿年，这就完全没法用了——宇宙的年龄也不过是 138 亿年而已！

在计算复杂性理论里，经常说某些问题是困难的，某些问题是容易的，实际上这些指的都是计算题，而不是证明题。所谓困难的，就是指计算量太大以至于算不动的。**有些看起来似乎很简单的问题，其实是困难的**，因为简单的意思是"算法直截了当"，而困难的意思是"计算量太大"。

例如一个经典的难题——旅行商问题（travelling salesman problem，TSP），说的是：有一个商人要到一系列地点做生意，给定每两个地点之间的距离，他希望访问每个地点一次，最后回到起始点，请问他最短的路径是什么（图 4.14）？乍看起来这个问题一目了然，把所有可能的路径列出来，找出最短的那一条就行了。但问题在于，随着地点数的增加，路径数飞快地增长，所以这种显而易见的方法很快就变得无法使用了。

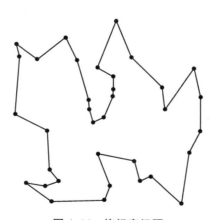

图 4.14　旅行商问题

在用定量的语言说,如果一个问题的计算量是指数增长的,那么它就是困难的。因为在 4.2 节我们已经展示过,指数函数比任何多项式函数都增长得快。比如一个问题的计算量是 2^n,这里的 n 是问题的规模,那么即使你换了一个速度是原来两倍的计算机,你处理的 n 也只能比原来增加 1。即使你换了一个速度是原来 1 024 倍的计算机,你处理的 n 也只能比原来增加 10。大自然或者出题人稍微增加一下问题的规模,就会把你甩得连尾灯都看不见。

这样的问题,我们就称为不可解决的,或者不可有效解决的,或者不可快速解决的,或者困难的。诸如此类的说法,实际的意思都是:这个问题的计算量是指数增长的。与之相对,计算量多项式增长的问题就称为可以解决的,或者可以有效解决的,或者可以快速解决的,或者容易的,诸如此类。

因此,基本的区分就是:**计算量多项式增长 = 容易,计算量指数增长 = 困难**。如果你理解到这一层,你的知识水平就超越了 90% 的人。

这个分类叫作计算复杂性或者计算复杂度(computational complexity)。计算复杂性的分类有个妙处,就是它关心的是计算量随 n 的变化速度,而不是在某一个 n 下的取值,因此计算速度的进步并不会改变它。比如说你换了一台快 1 000 倍的计算机,不可解决的问题仍然是不可解决的。

选读内容:三进制和二进制

外行经常以为,把计算机从二进制变成三进制,就能大大加快速度。实际上,无论是多少进制,都不会改变计算复杂性,最多是在多项式或指数的前面乘一个常数因子而已。这种变化对专业人士来说,是微不足道的。

二进制之所以胜出,是因为它实现起来最容易,比如用导通表示 1,不通表示 0。而如果是三进制,就需要能稳定地保持三个状态,这就麻烦多了。如果是更多位的进制,这麻烦就更大。因此,二进制是因为工程实现上的便利而胜出的,它并不是计算机科学的本质组成部分。

例如 19 世纪,英国发明家查尔斯·巴贝奇(Charles Babbage,1792 — 1871)设计的机械计算机是十进制的,在当时看来这是理所当然的选择。十进制计算机在原理上没有任何不好,它同样可编程,可以实现任何计算任务,只不过进入电子时代后被二进制甩在了身后。

另一种常见的错误是,许多人把计算机的发明归功于中国传统文化,理由是莱布尼茨发明二进制时从《周易》中受到过启发。现在你明白这错误有多大了吧?

了解了这个背景之后,核心问题来了:**有没有可能通过改变计算机的物理体系,把不可解决的问题变成可以解决的?** 这是一个非常有趣的问题。大家都知道,计算机可以用不同的物理体系来实现。从古代的算筹、算盘到近代的机械计算机,再到现代的电子管计算机与晶体管计算机,硬件在不断演化(图4.15)。但是,这种进步能不能改变计算复杂性呢?

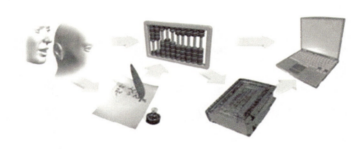

图 4.15　计算设备的演化

传统的回答是**不能**,因为这些进步的效果只是让计算的每一步变得更快,但原来需要多少步现在还是需要多少步。所以不可解决的问题仍然是不可解决的,不会因为你从算盘进步到超级计算机就改变这个定性。这个命题非常重要,它有个正式名称叫**扩展的丘奇-图灵论题**(extended Church-Turing thesis)。阿隆佐·丘奇(Alonzo Church,1903—1955,图4.16)和阿兰·图灵(Alan Mathison Turing,1912—1954,图4.17)是两位伟大的数学家,丘奇是图灵的博士生导师。

图 4.16　阿隆佐·丘奇

但近40年来,出现了一个石破天惊的新回答:有一种新的物理体系有可能改变计算复杂性,把不可解决的问题变成可以解决的,它就是——量子计算机! 量子计算机能实现这种效果的原因,见本章前两节。也就是说,量子计算机有可能推翻扩展丘奇-图灵论题。

图 4.17 阿兰·图灵

你也许想问,怎么一上来就是扩展的丘奇-图灵论题,那么不扩展的丘奇-图灵论题是什么？回答是:丘奇-图灵论题(Church-Turing thesis)说的是,任何物理体系可计算的数学问题都是一样的。而扩展的丘奇-图灵论题说的是,任何物理体系可有效计算的数学问题都是一样的。请注意,**可计算**和**可有效计算**是不一样的。可计算是指可以在有限的时间内得出结果,无论这个时间是多长,比如可以是指数增长的。而可有效计算是指计算时间是多项式增长的,也就是可快速计算。

选读内容:图灵机

1936 年,英国数学家图灵提出了一种计算模型,称为图灵机(Turing machine,图 4.18)。它由几个很简单的部分组成,包括一条无限长的纸带、一个读写头和一个控制器。纸带上有一个个方格,每个方格可以写上 0、1 或者空白。控制器根据当前机器所处的状态以及当前读写头所指的方格上的符号,来确定读写头下一步的动作,包括在纸带上写上或擦除某个符号,以及左移或右移一格。

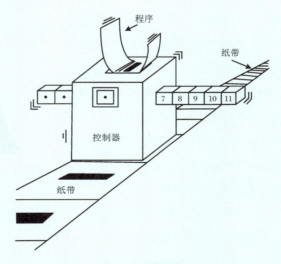

图 4.18　图灵机

094　量子科学出版工程(第二辑)
Quantum Science Publishing Project (Ⅱ)

量子信息简话:给所有人的新科技革命读本
A Brief Introduction to Quantum Information:for Everyone to Understand the New Scientific Revolution

图灵机的模型虽然看起来很简单,但奇妙的是,现在所有的计算机在逻辑上都跟图灵机等价,因此它们互相之间也等价。这就是丘奇-图灵论题:所有的计算机可计算的问题是一样的。

量子计算机作为一种新的计算模型出现后,现在普遍认为丘奇-图灵论题是正确的,而扩展丘奇-图灵论题是错误的。也就是说,**量子计算机和经典计算机可计算的问题是一样的,但在这些可计算的问题中,量子计算机可以把一些不可有效计算的问题变成可以有效计算的**,即通过执行某种快速的量子物理过程,获得跟这个过程对应的数学难题的解。用经典计算机计算这个数学问题的时间是指数时间,用物理过程获得结果的时间却是多项式时间。这种"抄捷径",就是量子计算机的优势。

所以量子计算的重要性,在于它可能快速解决传统计算机无法有效解决的问题,而不是以另一种方式去解决那些本来就可以快速解决的问题,如加减乘除。如果你理解到这一层,你的知识水平就超过了99%的人。

图4.19可以清晰地表示出量子计算机与经典计算机的关系。这张图来自2012年加州理工学院理论物理学教授约翰·普雷斯基(John Preskill)的演讲《量子计算与纠缠前沿》(*Quantum Computing and the Entanglement Frontier*),在这个演讲中他提出了4.2节中量子霸权的概念。图中最内圈的问题是**经典容易**的(classically easy),即经典计算机可以快速解决的;第二圈的问题是**量子容易**的(quantumly easy),即量子计算机可以快速解决的;最外圈的问题是**量子困难**的(quantumly hard),即就连量子计算机都不能快速解决的。

显而易见,经典容易的问题肯定是量子容易的,因为量子计算机可以跟经典计算机同样地运行,在量子比特的无穷多个态中只用两个态就是了。让高手去假扮低手,肯定是可以的。也就是说,第一圈肯定是第二圈的**子集**。但问题在于,第一圈是不是第二圈的**真子集**?也就是说,是否存在一些问题,它们对经典是困难的,对量子却是容易的?

你也许会觉得这个问题很奇怪:前面说了这么多,不都是说量子计算机可以超过经典计算机吗?怎么还要当作一个问题提出来?事实上,绝大多数科学家都**相信量子计算机对于一些问题超过经典计算机**。但这仍然是一个问题,因为对此目前还没有**严格的数学证明**。

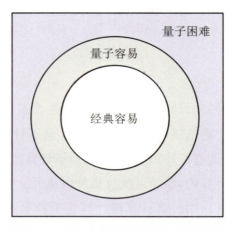

图 4.19　经典容易、量子容易与量子困难

因此,量子计算这个领域处于一种很奇妙的"沙上建塔"的状态:普遍认为它是值得大力投资的未来技术,但最后有可能会发现它完全没有用处,这种可能性目前不能排除。如果这发生了,将是大自然跟人类开得最大的玩笑之一。不过这只是一种理论上的可能,并不能以此为理由拒绝给量子计算研发投资。大多数科学家对量子计算的有用性还是充满信心的,原因就在下一章举的具体例子以及下面的选读内容。

选读内容:P 对 NP 问题

计算机科学家们对量子计算的奇特处境安之若素,因为对于经典计算机,早就有一个类似的未解之谜——P 对 NP 问题(P versus NP problem),就像一把悬在计算机科学头顶的达摩克利斯之剑。计算机科学家们已经在这把达摩克利斯之剑下工作了几十年,磨炼出了坚强的神经。

下面来简略地介绍一下 P 对 NP 问题。这个问题的基本意思就是:**能够快速验证的问题是不是都能快速求解?** 快速的意思就是正文中说的,计算量随着问题规模的增长速度是多项式增长的,而不是指数增长的。

举个例子,一个填数字游戏(例如数独,图 4.20)的解是很容易验证的,你把这个解填进去看看对不对就知道了(图 4.21)。但找到这个解可能是非常困难的,目前没有快速的解法。

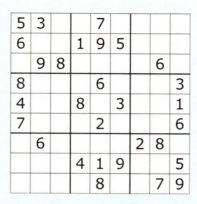

图 4.20　一个典型的数独游戏

5	3	4	6	7	8	9	1	2
6	7	2	1	9	5	3	4	8
1	9	8	3	4	2	5	6	7
8	5	9	7	6	1	4	2	3
4	2	6	8	5	3	7	9	1
7	1	3	9	2	4	8	5	6
9	6	1	5	3	7	2	8	4
2	8	7	4	1	9	6	3	5
3	4	5	2	8	6	1	7	9

图 4.21　上述数独游戏的解(红色的数字)

5.1 节将详细叙述的因数分解,也是这样的问题:验证两个质数 p 和 q 相乘是否等于给定的合数 N,是十分容易的;但给定 N 求出 p 和 q,却是十分困难的。这里的困难指的是在经典计算机上十分困难,但惊人的是,在量子计算机上因数分解已经有快速解法了。

在计算复杂性理论中,把所有的在经典计算机上能够快速求解的问题的集合叫作 P,把所有的在经典计算机上能够快速验证的问题的集合叫作 NP。显然,属于 P 的问题都属于 NP,但属于 NP 的问题是不是都属于 P 呢? 也就是说,NP 是不是大于 P 呢(图 4.22)?

大多数计算机科学家都认为 NP 大于 P,因为这符合直觉。像因数分解这样可快速验证但没有快速算法的问题,实在是太多了。但问题在于,谁知道以后会不会找到快速的算法? 目前没有人能够证明,因数分解以及类似的问题在经典计算机上不存在快速的算法。

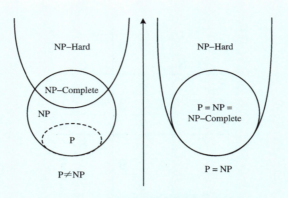

图 4.22　P 对 NP 问题的两种可能答案

所以,P 是否等于 NP 的问题意外地复杂。虽然经过无数聪明人几十年的猛攻,但至今还没有得到确定的答案。它跟黎曼猜想、哥德巴赫猜想等并列,成了整个数学中最著名的未解之谜之一。

如果最终发现答案是 P = NP,即所有能够快速验证的问题都能快速求解(虽然这看起来很不可思议),就会在许多领域产生颠覆性的后果。其中一个后果就是密码学会被颠覆,我们现在用的基于数学问题困难性的密码全都会失效。

最后,量子计算这个领域是不是沙上建塔,并不是取决于 P 对 NP 问题,而是取决于"P 对 BQP 问题"。在计算复杂性理论中,量子计算机能够快速处理的问题集合叫作 BQP。它肯定包含 P,但现在不知道它是不是等于 P。如果最后发现 P = BQP(虽然这也是非常不可思议的),量子计算机就会变得没有用处。

在没有理论证明的情况下,人们在努力寻找实验层面的证据:我们能不能造出一台量子计算机,它在至少一个问题上超越经典计算机? 也就是实现 4.2 节中提到的量子优越性或者说量子霸权。

对此的回答,绝不是显而易见的。在真正造出一台这样的量子计算机之前,不能排除这样的可能:这件事在理论上似乎可行,但在实践中总是因为各种各样的障碍而无法实现。如果各种技术方案总是功败垂成,那么人们就会想:有没有可能在这背后有某种深刻的原理在阻止我们超越经典计算机? 而如果有一台量子计算机实现了量子优越性,合理的推断就是:既然有一个问题可以实现量子优越性,当然就可以有更多。验证了这个**存在性**之后,我们的天地就无限广阔了。

到底是哪种前景呢？这是需要实际去做才能知道的。在下一章中我们会看到，"悬铃木"和"九章"做的就是这方面的工作。如果你理解到这一层，你的知识水平就超越了99.9%的人。

4.4 "只需"四个条件，量子计算的物理体系成了脑洞大赛

在下一章讲述量子计算机的实验工作之前，我们先来讲一下量子计算机能用什么样的物理体系实现。

学过计算机科学的人都知道，有很多种物理体系可以用来制造计算机，例如电子管（图4.23）、晶体管、集成电路，还有早期的机械计算机（图4.24）。在《三体》中，甚至还有一个由三千万人组成的计算机（秦始皇威武！）。所以对于量子计算机，也存在同样的问题：用什么物理体系来实现量子计算机？

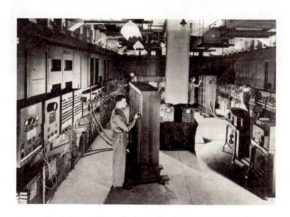

图4.23　第一台电子管计算机"ENIAC"

基本的回答是：什么都行。

例如，有人提议用粒子物理中的介子（meson）、夸克（quark）和胶子（gluon）来做量子计算机——这个太小了，因为这些粒子比质子、中子还小。还有人提议用宇宙学中的黑洞来做量子计算机（图4.25）——这个又太大了。还经常听到这样的说法：整个宇宙就是一台量子计算机！

实际上，量子计算机的体系"只需"满足四个条件就行：① 用这个物理体系可以表示**量子比特**；② 可以把量子比特制备到特定的**初始状态**；③ 可以让这个体系

图 4.24　英国发明家查尔斯·巴贝奇 1849 年设计的"差分机 2 号"，
伦敦科学博物馆在 1985 — 1991 年用 19 世纪的技术制造

图 4.25　黑洞:大家好,听说我可以做量子计算机?

按照期望的方式**变换**;④ 可以测量体系的**输出状态**。

看起来,这些条件很正常,就是说你可以制备基本操作单元,能对基本操作单元进行输入、变换和输出。这不是理所当然的吗?

但真正的问题在于,这些条件对于经典计算机很容易同时满足,而对于量子计算机就很难同时满足。这些条件往往是互相矛盾的! 例如,原子核的自旋可以作为很好的量子比特,但测量它的状态却十分困难。

这就是为什么制造量子计算机十分困难,实用的量子计算机到现在还没造出来。这也导致了一个有趣的现象:每当有一个量子计算机的新闻,都有人争论这算不算量子计算机。有些人一看到新闻说造出了量子计算机就大怒,认为是欺骗性宣传。宣传部门为了避免这种攻击,就会说现在造出的只是"量子计算原型机"。实际上,这只是个名称问题而已。因为并没有一个截然的标准,达到这个标准就叫量子计算机,达不到就不叫量子计算机。这是一个逐渐进步的过程。

100　量子科学出版工程(第二辑)
Quantum Science Publishing Project (Ⅱ)

量子信息简话:给所有人的新科技革命读本
A Brief Introduction to Quantum Information:for Everyone to Understand the New Scientific Revolution

真正的干货在于,经过以上四个条件的限制之后,量子计算机的可选方案就没剩多少了。目前主流的技术路线有光学、离子阱、超导电路、核磁共振、金刚石色心和冷原子等几种。我们有时会听到"光量子计算机""超导量子计算机"等说法,其实指的就是用什么体系来实现量子计算机。张文卓博士写了一本科普著作《大话量子通信》,书中的表 4-1 列出了他对各种物理系统做量子计算的优劣的评价(图 4.26)。

表4-1　不同物理系统做量子计算参数比较

物理系统	离子阱	光量子	核磁共振	超导电路	金刚石	超冷原子
退相干时间	~10 s	长	~100 s	~10 μs	~10 ms	~ s
可扩展性	差	较差	无	好	差	差

图4.26　不同物理系统做量子计算的参数比较

(图片来源:张文卓《大话量子通信》)

如果你要问,哪种技术路线最好? 基本的回答是:现在还不知道。进一步的回答是:很有可能多个方案都会各自找到适合自己的应用范围,即不是一家独大,而是百舸争流、各得其所。量子计算的领域十分广阔,如果一条路线就能包打天下,那才是令人奇怪的。

下一章我们会看到,美国的"悬铃木"用的是超导电路,中国的"九章"用的是光学。但这绝不是说美国就把自己固定在超导上了,中国就把自己固定在光学上了。实际情况是,所有人都在尝试所有技术路线。例如,单单一个潘建伟研究组就既有人在做光学,也有人在做超导,还有人在做冷原子,等等。因此,有些人急于论证某条路线比某条路线好,以此来论证某个国家比某个国家先进,其实都大可不必。广撒网(图 4.27),努力把每一个方向都推向前进,才是当前最需要的。

图4.27　"我全都要"

第 5 章　量子计算的成果

第 4 章介绍了量子计算的理论基础,包括对它的三种理解角度,这一章我们来介绍量子计算的成果。迄今为止,量子计算在理论方面最大的成果是量子因数分解算法,在实验方面最大的成果是"九章"光量子计算机。

5.1　量子因数分解以及对密码体系的挑战

因数分解是什么? 就是把一个合数分解成质因数的乘积,例如

$$21 = 3 \times 7$$

只需要小学数学水平,就能理解这个概念。

让我们来复习一下小学数学。质数(prime number)也被称为素数,就是那些只能被 1 和自己整除的自然数,如 2、3、5、7、11。合数(composite number)就是那些能被 1 和自己之外的某些自然数整除的自然数,如 4、6、9、15。而 1 既不是质数也不是合数。任何一个合数都可以分解成若干个质数的乘积,而且这种分解是唯一的,这叫作算术基本定理(fundamental theorem of arithmetic),这些质数就叫作这个合数的质因数(prime factor)。

很好,小学数学暂且复习到这里。下面这个知识就远远超出小学水平了:**因数分解是一个经典的数学难题**。

你也许会感到很奇怪:这有什么难的? 难道我不会分解 21 吗? 回答是:分解一个小的数字当然很容易,你"不管三七二十一"就能分解 21。但是来看看下面这个数:

$$2^{67} - 1 = 147\ 573\ 952\ 589\ 676\ 412\ 927$$

这是一个 21 位数。它是质数还是合数呢？这就远不是一眼能看出来的了。

1644 年，也就是李自成进北京、明朝灭亡的那一年，法国数学家马林·梅森（Marin Mersenne，1588 — 1648，图 5.1）宣称这个数是一个质数。

在那之后的很长时间里，人们都这么认为。直到 1903 年，清朝都快亡了，人们才发现它其实是一个合数，等于一个 9 位数乘以一个 12 位数：

$$2^{67} - 1 = 147\ 573\ 952\ 589\ 676\ 412\ 927$$
$$= 193\ 707\ 721 \times 761\ 838\ 257\ 287$$

图 5.1 马林·梅森

为了分解这个 21 位数，消耗了一个朝代的时间！

选读内容：梅森质数

梅森质数（Mersenne prime）指的是 $2^p - 1$ 类型的质数，其中 p 是一个质数。1644 年，梅森在他的《物理数学随感》一书中断言：在小于等于 257 的质数中，当

$$p = 2、3、5、7、13、17、19、31、67、127、257$$

时，$2^p - 1$ 是质数，其他都是合数。当时前面的 7 个数（即 $p = 2、3、5、7、13、17、19$）已被前人证实，而后面的 4 个数（即 $p = 31、67、127、257$）是梅森自己的推断。

梅森有崇高的学术地位，所以当时人们对其断言都深信不疑，后来才发现其中有若干错漏。不过梅森的工作极大地激发了人们研究 $2^p - 1$ 型数的热情，为了纪念他，数学界就把这种数称为"梅森数"，并记为 M_p（其中 M 为梅森姓氏的首字母），即

$$M_p = 2^p - 1$$

如果梅森数为质数，则称为"梅森质数"。

是否存在无穷多个梅森质数,是一个未解决的著名难题。到目前为止,人们总共发现了 51 个梅森质数。其中最大的一个是 $2^{82\,589\,933} - 1$,它是一个 24 862 048 位数,2018 年 12 月 7 日通过分布式计算项目"因特网梅森质数大搜索"(Great Internet Mersenne Prime Search,GIMPS)发现。它也是目前已知的最大质数。

因数分解为什么这么困难呢? 因为没有高效的算法。如果让我们分解一个数字 N,我们能够想到的最简单的算法,就是从 2 开始一个个往上试。先问:它能不能被 2 分解? 如果不能,再问:它能不能被 3 分解? 这样一个个试,直到 $\sqrt{N}$ 为止。如果到 $\sqrt{N}$ 都分解不了,说明它是一个质数。由此可见,尝试的次数大约是 $\sqrt{N}$。

这是一个特别简单也特别愚笨的算法。如果 N 表示成二进制有 n 位数,也就是 N 约等于 2^n,那么计算量就约等于 $\sqrt{N}$ 即 $2^{n/2}$。这正是指数增长,所以随着位数的增长,计算量很快就爆炸了。

当然,这个算法是可以改进的。例如试过 N 不能被 2 分解,立刻就可以把 4、6、8 等所有 2 的倍数划掉,不需要再去尝试这些数了。再试过 N 不能被 3 分解,立刻又可以把 9、15、21 等所有 3 的倍数划掉。这正是经典的"埃拉托色尼筛法"(sieve of Eratosthenes)的思想(图 5.2)。经过几百年的改进,目前最高效的算法叫作**数域筛**(number field sieve)。这些算法确实快了很多,但是在基本面上没有变化,计算量仍然是指数增长的。

	2	3	4	5	6	7	8	9	10
11	12	13	14	15	16	17	18	19	20
21	22	23	24	25	26	27	28	29	30
31	32	33	34	35	36	37	38	39	40
41	42	43	44	45	46	47	48	49	50
51	52	53	54	55	56	57	58	59	60
61	62	63	64	65	66	67	68	69	70
71	72	73	74	75	76	77	78	79	80
81	82	83	84	85	86	87	88	89	90
91	92	93	94	95	96	97	98	99	100

图 5.2　用埃拉托色尼筛法找出 100 以内的所有质数

比如，如果有一台计算机每秒做一万亿次运算，那么它用数域筛算法分解一个300位的数字需要15万年，分解一个5 000位的数字需要……50亿年！地球的年龄也不过是46亿年而已！所以，因数分解仍然是一个难题。

奇妙的是，分解不开对我们是一件好事——可以用来保密。当今世界最常用的密码体系之一叫作RSA，它就是基于因数分解的困难性设计出来的。RSA这个名字是三位发明者罗纳德·李维斯特（Ronald Linn Rivest）、阿迪·沙米尔（Adi Shamir）和伦纳德·阿德曼（Leonard Adleman）的姓氏首字母缩写（图5.3）。

图5.3　RSA密码体系的三位发明者

大致而言，RSA的操作方式是这样的。让我们把信息的发送方叫作Alice，接收方叫作Bob。首先，Bob取两个很大的质数 p 和 q，求出它们的乘积：

$$N = pq$$

这一步是很容易的。但是如果有人只知道 N，想求出 p 和 q，就是很困难的。

然后，Bob把 N 向全世界公布，这叫作公钥（public key）。把 p 和 q 藏好不公布，这叫作私钥（private key）。

选读内容："密钥"的"钥"读什么

很多人把密码学里的"密钥"这个词读作 mì yào。我最初也是读 mì yào，但有一天张强教授告诉我读 mì yuè，我大吃一惊，一查发现这才是标准发音。百度一下或者翻一下词典，就会发现"钥匙"的"钥"（yào）是个多音字，在这里念 yuè（图5.4）。这个音也用在"锁钥""边钥""关钥"等词里。其实读 yuè 的词比读 yào 的词多得多，只是"钥匙"这个词太常用,所以许多人不知道还有 yuè 这个音。

后来我注意到,在密码学的一线研究者中,有读 mì yuè 的,也有读 mì yào 的。我不会去改变别人的读音,因为在我看来怎么发音都无所谓,能清晰地交流就是好的。但有些人以为我读的 yuè 是错的,要来纠正我,这就越界了。所以我需要在这里告诉大家,yuè 才是标准读音。

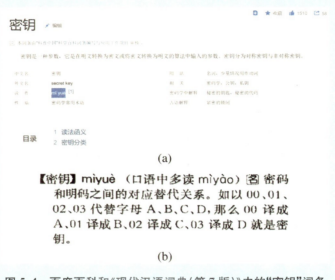

(a)

【密钥】mìyuè (口语中多读mìyào)图 密码和明码之间的对应替代关系。如以 00、01、02、03 代替字母 A、B、C、D,那么 00 译成 A、01 译成 B、02 译成 C、03 译成 D 就是密钥。

(b)

图 5.4　百度百科和《现代汉语词典(第 7 版)》中的"密钥"词条

然后,Alice 把想发送的信息用公钥 N 加密,用公开信道发给 Bob。Bob 拿到密文,用自己的私钥 p 和 q 就可以快速解密(图 5.5)。其他人虽然拿到了密文,但分解不开 N,算不出 p 和 q,所以无法窃密。

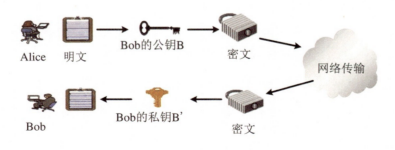

图 5.5　公钥密码体制

这是一个非常巧妙的思想,叫作**公钥密码体制**(public key cryptography),7.3节会更详细地阐述。在这个意义上,我们平时的网购、网上银行、浏览网站等操作,都是依靠因数分解的困难性保驾护航的。经常有无知的人说,学数学有什么用,又不能用来买菜。但实际上,如果没有数学,你买菜的时候钱早就被别人转走了!

了解了 RSA 的重要性之后,下一个大问题是:它真的可靠吗?回答是:不知道,因为它并没有得到过数学证明。不能排除这种可能:将来有个聪明人发明一种高效的算法,一下子就解决了因数分解。甚至还有可能,这样的算法已经发明出来了,只是没有公布。

其实还有一点:并没有人证明过破解 RSA 一定要通过因数分解。存在这样的可能:不做因数分解就能直接从密文获得原文。不过这是另一个问题。本书后面对破解 RSA 的讨论都集中在因数分解上。

设想一下,如果你是某国情报部门的领导人,你的部门有人发明了破解 RSA 的算法,你会公布吗? 恐怕不会。你更可能采取的做法是闷声发大财,在暗中破解别人自以为安全的密码(图 5.6)。

图 5.6 斯诺登爆料"五眼"情报联盟

上面这些讨论针对的都是经典计算机,那里只是提出一些"隐患"。但在量子计算机方面,已经有一个确定无疑的"明患"。1994 年,美国数学家彼得·肖尔(Peter Shor,图 5.7)〔当时他在美国电话电报公司(AT&T)工作,现在他是麻省理工学院应用数学教授〕提出了一种高效的量子因数分解算法。

高效到什么程度呢？分解一个 n 位数的计算量大约是 n^2。跟以前的指数增长相比,这是一个指数级的节约。举个例子,同样还是用一台每秒计算 1 万亿次的计算机分解 300 位和 5 000 位的数字,量子算法会把所需时间从 15 万年减到不足 1 秒钟,从 50 亿年减到 2 分钟!

现在,大家明白量子计算的威力了吧?

图 5.7　彼得·肖尔

选读内容:大 O 符号

在计算复杂性理论中表示一个算法的计算量时,经常用"大 O 符号"(big O notation)。比如一个算法的计算量是 $O(n^2)$,意思就是它随 n 的增长速度大致是 n^2。对大 O 符号严格的定义如下:

令 $T(n)$ 和 $f(n)$ 是两个总是取正值的函数,如果存在两个正的常数 M 和 n_0,使得对于所有的 $n \geqslant n_0$,都有

$$T(n) \leqslant Mf(n)$$

那么,我们就说

$$T(n) = O(f(n))$$

这个定义实际告诉我们的是:除了一个无关紧要的常数倍数之外,$T(n)$ 增长得不快于 $f(n)$。

用大 O 符号来表示正文中提到的数域筛算法,即经典计算机最好的因数分解算法,计算量是 $\exp[O(n^{1/3} \log^{2/3} n)]$。最重要的特征是,它仍然是指数增长的,只是比最简单的算法增长得慢一点而已(n 上面的指数是 1/3 而不是 1)。

而肖尔算法的计算量是 $O(n^2 \log n \log\log n)$。由于 n 的对数 $\log n$ 比 n 的任何多项式增长得都慢得多(正如 n 的指数 e^n 比 n 的任何多项式增长得都快得多,

这两个命题是等价的），所以肖尔算法的计算量基本上就是 $O(n^2)$。它变成了多项式增长，所以比数域筛算法快得多。

不过需要注意，量子计算只是在算法层面破解了 RSA，而在硬件层面能大规模执行因数分解的量子计算机还没有造出来。迄今为止，量子分解的最大的数是

$$291\ 311 = 523 \times 557$$

这是杜江峰和彭新华等人在 2017 年实现的（图 5.8）。他们在算法上又做了不少改进，不是最初的肖尔算法了，而是"绝热算法"，利用物理体系自身的绝热演化做因数分解。

High-fidelity adiabatic quantum computation using the intrinsic Hamiltonian of a spin system: Application to the experimental factorization of 291311

Zhaokai Li,[1,2] Nikesh S. Dattani,[3,4] Xi Chen,[1] Xiaomei Liu,[1] Hengyan Wang,[1] Richard Tamburn,[3] Hongwei Chen,[5] Xinhua Peng,[1,2,6,*] and Jiangfeng Du[1,2,6,†]

[1]CAS Key Laboratory of Microscale Magnetic Resonance and Department of Modern Physics, University of Science and Technology of China (USTC), Hefei 230026, China
[2]Synergetic Innovation Center of Quantum Information and Quantum Physics, USTC, Hefei, China
[3]Oxford University, Hertford College, Oxford, OX1 3BW, UK
[4]Fukui Institute for Fundamental Chemistry, Kyoto University, Kyoto, 606-8103, Japan
[5]High Magnetic Field Laboratory, Chinese Academy of Sciences, Hefei 230031, China
[6]Hefei National Laboratory for Physical Sciences at the Microscale, USTC, Hefei, China

In previous implementations of adiabatic quantum algorithms using spin systems, the average Hamiltonian method with Trotter's formula was conventionally adopted to generate an effective instantaneous Hamiltonian that simulates an adiabatic passage. However, this approach had issues with the precision of the effective Hamiltonian and with the adiabaticity of the evolution. In order to address these, we here propose and experimentally demonstrate a novel scheme for adiabatic quantum computation by using the intrinsic Hamiltonian of a realistic spin system to represent the problem Hamiltonian while adiabatically driving the system by an extrinsic Hamiltonian directly induced by electromagnetic pulses. In comparison to the conventional method, we observed two advantages of our approach: improved ease of implementation and higher fidelity. As a showcase example of our approach, we experimentally factor 291311, which is larger than any other quantum factorization known.

PACS numbers: 03.67.Ac, 03.67.Lx,76.60.-k

图 5.8　杜江峰和彭新华等人 2017 年用量子算法分解 291 311 的论文[①]

这离破解 RSA 有多远呢？目前常用的 RSA 密钥长度是 1 024，也就是说，密钥是二进制的 1 024 位数。291 311 是一个十进制的六位数，换算成二进制是一个 19 位数，离 1 024 位还很远。

因此，我们现在还在用 RSA。但数据安全工作者都知道，这种状况不会持续太久了。例如 2020 年 5 月，美国哈德逊研究所（Hudson Institute）发布了一个报告《高管的量子密码指南：后量子时代中的信息安全》。其中提到，谷歌首席执行官预测，加密技术的终结可能在 5 年内到来（图 5.9）。在我看来，无论是 5 年、10 年还

---

① 参见 https://arxiv.org/abs/1706.08061。

是 15 年,这个具体的时间并不重要,真正重要的是要意识到这个明确的趋势,未雨绸缪。

一、什么是量子霸权?

I. WHAT IS QUANTUM SUPREMACY?

2019年10月23日,谷歌在《自然》杂志发表题为《使用可编程超导处理器的量子霸权》(Quantum Supremacy Using a Programmable Superconducting Processor.) 的论文,这家科技巨头宣布实现了一个他们引以为豪的目标:量子霸权。

这意味着量子计算机在几分钟内就能解决一个即使是最快的超级计算机也需要一万年的时间才能解决的问题。

这一里程碑,一些人更喜欢称为量子优势,是未来实现量子计算机的一个主要的垫脚石,而量子计算机可能会对加密系统构成严重威胁。事实上,谷歌首席执行官后来预测,加密技术的终结可能在5年内到来。

图 5.9　谷歌首席执行官预测,加密技术的终结可能在 5 年内到来

你可能会问,难道我们只有 RSA 这一种密码吗?当然不是。不过任何一种基于数学难题的密码,都会面临同样的挑战,在原理上都可能会被量子计算机甚至经典计算机破解。

例如,另一种常用的密码体系叫作**椭圆曲线密码**(elliptic curve cryptography,图 5.10)。它的保密基础是离散对数问题(discrete logarithm problem),跟因数分解在数学上有相通之处,因此椭圆曲线密码也会被量子计算机破解。顺便说一句,**比特币**(bitcoin)的保密算法就是椭圆曲线密码。

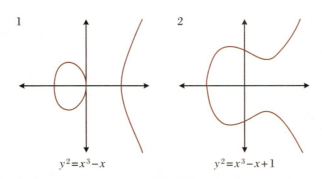

1 $\quad y^2 = x^3 - x$　　2 $\quad y^2 = x^3 - x + 1$

图 5.10　椭圆曲线

110　量子科学出版工程(第二辑)
Quantum Science Publishing Project (Ⅱ)

量子信息简话:给所有人的新科技革命读本
A Brief Introduction to Quantum Information:for Everyone to Understand the New Scientific Revolution

选读内容：用量子算法分解 91

经典教材《量子计算和量子信息》的第 5 章《量子 Fourier 变换及其应用》的 5.3.2 节的练习 5.18，给出了量子因数分解的一个例子：分解 $N = 91$。

第一步，看 N 是不是偶数。如果是，就返回因子 2。结论是 N 不是偶数。好，进入下一步。

第二步，看 N 是不是整数的乘方，即是否存在整数 $a \geqslant 1$ 和 $b \geqslant 2$ 使得

$$N = a^b$$

如果是，就返回因子 a。结论是不存在。好，进入下一步。

第三步，在从 1 到 $N-1$ 的范围内随机选择一个整数 x，看它和 N 的最大公约数 $\gcd(x, N)$ 是否大于 1。如果是，就返回因子 $\gcd(x, N)$。如果不是，就进入下一步。

这里说明一下，求两个自然数的最大公约数有非常著名而古老的算法——辗转相除法，见于欧几里得的《几何原本》。这个算法十分高效，用上一个选读内容中的大 O 符号表示，计算量只有 $O(n)$，比肖尔算法整体的 $O(n^2)$ 小得多，所以可以忽略不计。

书中在这里选择了 $x = 4$。然后我们发现

$$\gcd(4, 91) = 1$$

即 4 和 91 互质，于是进入下一步。

假如我们选择了 $x = 14$，就会发现

$$\gcd(14, 91) = 7$$

一下子撞到了 91 的一个因子 7，然后就会得到它的完全分解

$$91 = 7 \times 13$$

当然，直接碰运气就撞出一个因子的概率实在是太小了，不能把希望寄托在这上面。

前三步可以说都易如反掌。第四步，真正的技术来了：求 x 模 N 的阶 r。

这句话是什么意思呢？就是求最小的自然数 r，使得

$$x^r = 1 \, (\mathrm{mod} \, N)$$

再解释一下，就是 x^r 除以 N 后余 1。**经典计算机没有快速的求阶算法，但量子计算机有。**于是我们突然开挂了！开了一个量子计算机的挂，迅速知道了 4 模 91 的阶为

$$r = 6$$

验证一下，确实有

$$4^6 = 4\,096 = 91 \times 45 + 1 = 1 \, (\mathrm{mod} \, 91)$$

第五步，如果 r 是偶数，而且 $x^{r/2}$ 模 N 不跟 -1 同余，即

$$x^{r/2} \neq -1 \, (\mathrm{mod} \, N)$$

就去计算 $x^{r/2} \pm 1$ 与 N 的最大公约数，即 $\gcd(x^{r/2}-1,N)$ 和 $\gcd(x^{r/2}+1,N)$。如果得到一个非平凡因子，即既不是 1 也不是 N 的因子，就返回这个因子。如果没有，算法就失败。

乍看起来这一步好像莫名其妙，但仔细看看

$$(x^{r/2}-1)(x^{r/2}+1) = x^r - 1 = 0 \, (\mathrm{mod} \, N)$$

就会明白为什么要考察这两个最大公约数了。

把数值 $x=4$ 和 $r=6$ 代进去，就会发现 r 确实是一个偶数，然后

$$x^{r/2} = 4^3 = 64 \neq -1 \, (\mathrm{mod} \, 91)$$

于是我们来计算 63、65 跟 91 的最大公约数，发现

$$\gcd(63,91) = 7$$
$$\gcd(65,91) = 13$$

7 和 13 就是 91 的两个质因数，

$$91 = 7 \times 13$$

算法成功结束。

你也许会问，如果 r 是奇数或者 $x^{r/2} = -1 \pmod{N}$，怎么办？回答是：回到第三步，重新随机选择一个 x，然后往下走。《量子计算和量子信息》给出一个定理5.3，证明第五步成功的概率至少有1/2，所以多试几次总是能成功的。

现在大家可以知道，量子因数分解算法很快的原因，其实是快速的量子求阶算法。此书的5.4.2节还指出，运用量子求阶算法可以快速解决离散对数问题，即破解椭圆曲线密码。

许多媒体说，量子计算机可以破解全世界所有的密码。前面提到的谷歌首席执行官的话也是这个意思。这话在原理上可能是成立的，可能现在的各种密码早晚都会被量子计算破解。不过对此要加个限制条件——除了量子密码（quantum cryptography）。

只有魔法才能打败魔法，只有量子才能打败量子。量子密码保密的基础是物理原理，而不是数学问题，所以即使是量子计算也无法破解。关于量子密码，我们会在第8章介绍。

选读内容：后量子密码

除了量子密码，还有一种对抗量子计算机攻击的思路，叫作后量子密码（post-quantum cryptography，PQC）或者抗量子密码（quantum resistant cryptography）。顾名思义，就是在量子计算机出现后仍然有效的密码或者能够抵抗量子计算机的密码。它们仍然是基于数学问题的，但这些数学问题更难，没有已知的量子算法能够破解。具体的实现方法，包括基于哈希（hash-based）的密码、基于代码（code-based）的密码、基于格子（lattice-based）的密码、多变量（multivariate）密码等等。

目前，还没有一种后量子密码被证明永远不会被量子计算机破解，甚至还没有一种后量子密码被证明永远不会被经典计算机破解。因此，它们的安全性只是相对于已知的算法而言的，将来不能保证，这跟量子密码的一劳永逸不可同日而语。

但后量子密码也有自己的优点，如便于和已有的密码系统衔接，便于进行数字签名（digital signature）等等。因此，后量子密码也是一个活跃的研究领域。作为两种对抗量子计算机的技术路线，后量子密码和量子密码可以结合起来使用。

5.2　通往量子优越性：谷歌的"悬铃木"

第 4 章中我们介绍了"量子优越性"或者"量子霸权"的概念，它意味着对某个问题，量子计算机超过最强的经典计算机。对于因数分解，我们还远没有实现量子优越性。这引出了一个值得思考的问题：我们能不能找到另外某个数学问题，先对它实现量子优越性呢？即使这个问题远远没有因数分解那么有用，甚至毫无实用价值，但这都没关系，重要的是演示这个存在性。

如果你对量子计算的理论背景一无所知，你可能看不出这样做有什么意义。但有了第 4 章的基础，你就会知道这是很重要的，因为这是量子计算机推翻扩展丘奇-图灵论题的证据。让我们再次展示 4.3 节中那个"经典容易、量子容易与量子困难"的图（图 5.11）。对一个问题实现量子优越性，就意味着在"经典容易"的第一圈和"量子容易"的第二圈之间确实存在一些问题，不是空集。

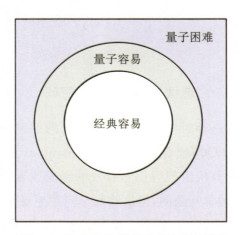

图 5.11　经典容易、量子容易与量子困难

这会帮助我们对整个量子计算领域树立信心。因为量子计算是一个长期而宏大的研究目标，如果只盯着最终的目标，可能会觉得它遥遥无期，外界就不愿意投资了。所以我们需要制定几个阶段性的目标，让大家及时看到进展。量子优越性就是这样一个重要的阶段性目标。

2019 年 10 月，约翰·马蒂尼斯（John Martinis，图 5.12）教授领导的谷歌 AI 量子实验室的团队在《自然》（*Nature*）发表论文，第一个宣布实现了量子优越性

（图 5.13）。他们用超导电路的物理体系，造了一个包含 53 个量子比特的芯片"悬铃木"（Sycamore）。

图 5.12　约翰·马蒂尼斯

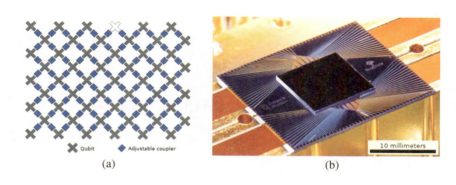

（a）　　　　　　　　　　　　　（b）

图 5.13　对"悬铃木"量子计算机结构的演示[①]

　　你可能会问，为什么会是 53 这么个奇怪的数字？其实本来应该是 54 个，造出来以后发现坏了一个，所以能用的是 53 个。

　　然后，他们执行的任务叫作**随机线路取样**（random circuit sampling）。基本意思是，对这些量子比特进行随机的操作，会产生各种由 0 和 1 组成的字符串，总共有 2^{53} 个。由于这些量子比特之间的纠缠，其中一些字符串出现的概率应该比另一些大。要处理的问题就是：检验是不是真的出现这样的分布。简而言之就是：验证一个量子随机数发生器是不是真的随机。这个问题本身并没有明显的实用价值，不过它天然的就有利于量子计算机，而不利于经典计算机，所以适合用来实现量子优越性。

————————

　　① 参见 https://www.nature.com/articles/541586-0129-1666-5。

谷歌宣布,"悬铃木"花了200秒对一个量子线路取样一百万次(图5.14),而当时最强的超级计算机、美国橡树岭国家实验室的"顶点"(Summit)完成同样的任务需要一万年。这是一个十亿倍量级的优势。

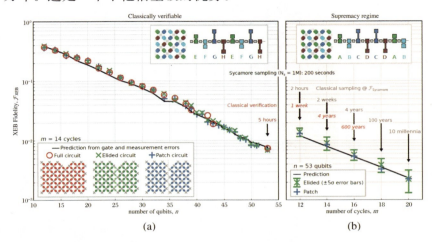

图 5.14　对量子霸权的演示[①]

选读内容:量子计算机的结果验证

一个有趣的问题是,既然经典计算机算不出来,怎么知道"悬铃木"的结果是正确的呢?对此的回答其实也很容易想到,就是先对较小的体系跟经典计算机的结果对照,确认两者一致。然后把体系扩大到经典计算机算不动的程度,这时我们相信量子计算机的结果仍然是正确的。

此外,还可以在理论上提出其他一些跟正确的分布不同但是相近的分布,例如平均分布,然后验证实验结果不是这些分布。这样你即使无法完全确认它是正确的分布,至少可以确认它不是那些最容易出现的错误分布。

下一节要介绍的"九章",也是用类似的方法检验结果正确性的。因为它跟"悬铃木"一样,执行的都是取样问题,所以只能通过这样间接的思路确认结果。如果是像因数分解这样的问题,要确认结果对不对就很简单了——把量子计算机给出的两个质数 p 和 q 乘起来,看它们是不是等于待分解的合数 N,就一目了然了!

---

① 参见 https://www.nature.com/articles/s41586-019-1666-5。请注意最右边黑色箭头上方的一万年与中缝中的 200 秒的对比。

量子信息简话:给所有人的新科技革命读本
A Brief Introduction to Quantum Information:for Everyone to Understand the New Scientific Revolution

谷歌的成果引起了广泛的关注。与此同时，也立刻有很多研究组出来改进经典计算机，希望削弱甚至消灭量子计算机的优势。不要忘了，量子优越性的定义是对某个问题量子计算机超过经典计算机。这实际上是一个动态的概念，而不是静态的概念。如果有一方进步了，另一方自然会力图进步甚至反超。这不是谁推翻谁，而是**量子与经典算力的你追我赶**，是一种良性竞争。双方互相启发，把计算机科学推向前进。

在这当中，第一个提出反对意见的是 IBM，几乎是在谷歌的论文刚一贴到网上时就跳了出来。IBM 也在投入巨资研究量子计算，跟谷歌是竞争对手，所以这完全可以理解。

IBM 的论文说，谷歌给经典计算机用的算法太愚笨了，只用到了内存，但别忘了世界上有个东西叫作"硬盘"（图 5.15）！把一部分数据放到硬盘上，通过适当的任务划分，就可以用空间换时间。稍微优化一下算法，就可以把经典计算机所需的时间从一万年缩短到两天半。

2   Brief overview of tensor contraction deferral

The simulation algorithm that we propose is based on the idea of partitioning a quantum circuit into subcircuits that can be simulated independently, at the expense of extra bookkeeping to account for entanglement between subcircuits. We ensure that the final results are correct by appropriately recombining the different subcircuits and, in some sense, "resolving" the entanglement. Rather than insisting that all subcircuits reside in primary storage, i.e., RAM, we allow for storing the results of some of the calculations on secondary storage, e.g., disk. This is particularly effective when combined with slicing techniques, which further partition the quantum state by iteratively fixing the value of some of the indices in the tensor network.

图 5.15   IBM 指出：别忘了世界上有个东西叫作"硬盘"！

所以开玩笑地说，事情就像这样——

谷歌说："一万年太久！"

IBM 说："只争朝夕！"

这样一来，"悬铃木"相对于经典计算机的优势被缩减到了一千倍。此后不断有研究组对经典计算机做出新的改进，因此到本书出版时，"悬铃木"的优势已经摇摇欲坠，也许会被经典计算机反超。但无论如何，"悬铃木"第一个宣布实现了量子优越性，引发了研究热潮，这个里程碑的意义是巨大的。

最后说一下，"悬铃木"是一台可编程的通用量子计算机。也就是说，它不但可以执行随机线路取样这个任务，还可以执行其他任务。在这一方面它比下一节要介绍的"九章"强，"九章"是一台专用量子计算机，只能执行一个任务。

事实上谷歌团队已经在用"悬铃木"做其他的问题，例如量子化学计算，但在那些问题上速度都不快,例如相当于 1946 年的电子管计算机"ENIAC"(图 5.16)。它真正实现了量子优越性的问题仍然只有一个,就是随机线路取样。在这个层面上,"悬铃木"跟"九章"是一样的。

In 2017 IBM performed a quantum-chemistry simulation using six qubits. Rubin says that result described a molecular system with a level of complexity that scientists in the 1920s could calculate by hand. In doubling that figure to 12 qubits, Google's project tackled a system that could be calculated with a 1940s-era computer. "If we double it again, we'll probably go to something like 1980," Babbush adds. "And if we double it again, then we'll probably be beyond what you could do classically today."

图 5.16　用"悬铃木"做量子化学计算,达到了 20 世纪 40 年代计算机的水平(陆朝阳提供)

5.3　确立量子优越性:中国的"九章"

在谷歌量子计算团队深耕超导技术路线的同时,中国科学技术大学潘建伟研究组也在光学技术路线上前进。事实上,十几年来,他们就是国际上用光学研究量子信息的领导者。

2017 年 5 月,潘建伟和陆朝阳等人实现了一个里程碑:量子计算机第一次超越了早期的电子计算机(图 5.17),即 1946 年的第一台电子管计算机"ENIAC"和 1954 年的第一台晶体管计算机"TRADIC",比它们快了 10～100 倍(图 5.18)。他们处理的问题叫作**玻色子取样**(boson sampling)。

这个问题大致可以理解为:发出若干个光子,让光子在复杂的光路中发生干涉与纠缠,最后探测每一个出口有多少个光子出去。之所以叫玻色子取样,是因为粒子分为两类:玻色子(boson)和费米子(fermion)。而光子就属于玻色子。回顾一下 1.4 节提到的泡利不相容原理,玻色子和费米子的一大根本区别就是:费米子要满足泡利不相容原理,即两个费米子不能处于同一个状态,而玻色子不受这个限制,任意多个玻色子都可以处于同一个状态。下一节我们再来详细解释,玻色子取

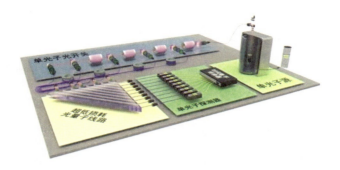

图 5.17　世界首台超越早期经典计算机的单光子量子计算机

量子计算测试结果

和国际同行相比:

● 我们的基于单光子的量子计算原型机运行速度比国际同行
类似的之前所有实验加快至少24 000倍;

和历史上的经典计算机相比:

● 通过和经典算法比较, 比人类历史上第一台电子管计算机
(ENIAC)和第一台晶体管计算机(TRADIC)运行速度快
10–100倍。

世界首台超越早期经典计算机的单光子量子计算机

图 5.18　世界首台超越早期经典计算机的单光子量子计算机的测试结果

样在数学上对应什么问题。

　　这个成果在当时引起了轰动,习近平主席 2017 年 12 月 31 日的新年贺词中就提到了"量子计算机研制成功"。这个消息是在 2017 年 5 月 3 日报道的,然后在第二天的五四青年节,陆朝阳和我刚好都作为青年代表去人民大会堂参加座谈会。中午吃饭的时候,我赶快问他这个成果是怎么回事,他告诉了我这个工作的技术背景(5.4 节将会详细说明)与大图景。他们希望分"三步走"实现量子计算机对传统计算机的超越:先超越早期的电子计算机,再超越个人电脑,最后超越最强的超级计算机。按照这样的框架,这个成果就是实现了第一步。

　　有趣的是,2019 年谷歌的"悬铃木"直接实现了第三步,所以大家也不再关心谁什么时候实现第二步了。实际上,当时潘建伟和陆朝阳等人也接近了实现量子优越性,但还差一点。在《自然》(*Nature*)杂志发表谷歌论文的前一天(2019 年 10

月 22 日），他们在论文预印本网站 arXiv 上传了一篇文章《用 20 个输入光子在 60 模干涉仪中实现 10^{14} 态空间的玻色子取样》（*Boson Sampling with 20 Input Photons in 60-mode Interferometers at 10^{14} State Spaces*）。

所谓态空间的大小，就是一个体系中可以取到的状态的数量。谷歌论文中的态空间大小是 2^{53}，约等于 10^{16}，即一亿亿。潘建伟与陆朝阳等人论文中的态空间大小约为 10^{14}，即一百万亿，比以前的同类实验增大了 10 个量级，但还是不如"悬铃木"的。他们用光子做到的玻色子取样结果，用超级计算机可以在几个小时内完全检验，因此他们还没有实现量子优越性。

此后，他们继续升级。当 2020 年 12 月 4 日"九章"（这个名字是向中国古代最著名的数学著作《九章算术》致敬，图 5.19）的论文发表在《科学》（*Science*）上、全国"刷屏"的时候，大多数人都是第一次听说，而我毫不感到意外，因为我早就知道他们在冲线了。如果说有意外的话，就是"九章"的态空间大小高达 10^{30}，即一百万亿亿亿，在一年里提升了 16 个量级，比"悬铃木"高出了 14 个量级，这种进步速度实在是太惊人了！

图 5.19 "九章"量子计算机实物图（摄影：马潇汉，梁竞，邓宇皓）

左下方为输入光学部分，右下方为锁相光路，上方共输出 100 个光学模式，分别通过低损耗单模光纤与 100 个超导单光子探测器连接。

相应地，"九章"相对于经典计算机的优势也变得更大。当时最强的超级计算机，已经从 5.3 节中跟"悬铃木"对比的美国橡树岭国家实验室的"顶点"，变成了日本神户市理研计算科学中心的"富岳"（Fugaku）。而"九章"对"富岳"的优势是一百万亿倍，因为它花 200 秒采集到 5 000 万个样本，"富岳"做同样的任务需要 6 亿年，6 亿年除以 200 秒是一百万亿的量级。这个倍数，比"悬铃木"刚出来时自称的 200 秒对"顶点"1万年即十亿倍的优势还要高得多。如果再考虑到"悬铃木"的优势迅速被经典计算机的改进所缩小,差距就更大了。

当然,"九章"和"悬铃木"执行的是不同任务,所以它们的速度不能直接对比。不过,要把一百万亿倍的优势侵蚀到1以下,显然要困难得多。而且光量子计算机还在进步,因此"九章"的速度应该是不太可能被经典计算机的进步赶上的。在这个意义上,**"九章"是人类第一次实现无可争议的量子优越性,是迄今为止量子计算最大的实验成果,是推翻扩展丘奇-图灵论题最有力的证据。**

以上是"九章"在计算复杂性理论层面的意义。对于它在技术层面的意义,量子信息理论研究者尹璋琦教授给出了一个专业的解读:

中国科大量子计算原型机"九章",是基于光学系统的量子计算优越性演示实验。实验技术上,这是一个巨大的跨越。去年这个时候,他们演示了14个光子的玻色子取样实验,比起其他组只有4到5个光子的实验已经是巨大的进步了。今年,他们选择了新的实验方案,并改进了实验技术,让光子数目大幅度提升到50个以上,从而演示了量子计算的优越性。玻色子取样在机器学习、量子计算化学、可验证随机数等问题上都有潜在的应用价值。

这个工作也表明用光子实现通用量子计算机是大有希望的。如果给"九章"量子计算原型机加上自适应测量,就能做出通用量子计算机。现在超导电路、离子阱、光量子计算等多个候选系统,竞争极为激烈。中国科大研究组几乎是以一己之力把光量子计算技术又拉回到舞台中央。与其他系统比较,光量子计算机的最大优势在于它可以在常温常压下工作,而且与量子通信与量子网络技术能无缝对接。

简而言之,这个成果的**技术潜力**比这个成果本身更重要。此外,中国科学家在研发"九章"的过程中发展了大量的新技术,如最好的量子光源、最好的干涉技术、最好的锁相技术、最好的单光子探测器等等。这些技术在很多其他地方都会派上用场,例如前面介绍过的量子雷达、"雾里看花"、"隔墙观物"以及后面要介绍的量子卫星。请回顾一下第2章开头说的:量子通信、量子计算、量子精密测量是一个整体,它们共同构成第二次量子革命。

再来看"九章"在实用层面的意义。其实对此简单的回答就是:没有。因为"九章"处理的玻色子取样这个问题,目前还只有纯粹的理论价值,而没有实用价值。这个问题就是为了实现量子优越性而提出来的,下一节我们来详细介绍它。

不过,玻色子取样将来可能会有实用价值。例如已经有人提出,药物分子筛选对应某种图论问题,而这种图论问题又可能对应玻色子取样问题,因此将来有可能用"九章"加快**药物研发**(图5.20)。如果这个或者类似的事情能够实现,就将是量子计算机第一次解决重大的有实用价值的问题,这将会大大提高社会对量子计算的兴趣与信心。

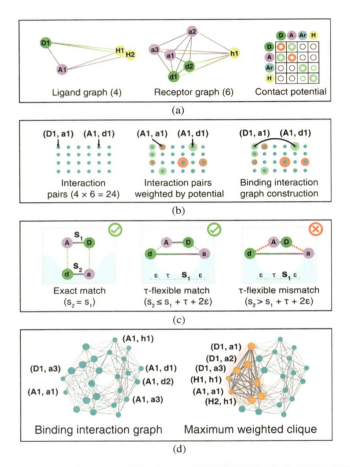

图5.20 把药物分子与生物受体分子的匹配转化问题转化为图论问题[①]

由此就可以提到量子计算研究者对这个领域发展的规划(图5.21)。实现量子优越性只是一个阶段性的胜利。下一步,要研制可相干操纵数百个量子比特的量子模拟机,用于解决若干具有重大实用价值的问题(如量子化学、新材料设计、优化算法等)。这可能会在未来五年内实现。

———————————

① 参见 https://advances.sciencemag.org/content/6/23/eaax1950。

再下一步,要大幅度提高可操纵的量子比特的数目(百万量级)和精度(容错阈值>99.9%),研制可编程的通用量子计算原型机。这非常难,可能需要 20 年或更长的时间。

经常有记者问我,量子计算机对我们的生活会有什么改变。我就只好给他们举一些例子,如密码破解、交通流管理、新材料研发、药物设计等等。但其实归根结底,量子计算机的优势就是更强的算力。算力提高以后能做的事情几乎是无穷无尽的,远不只是这些现在能想到的,也许到时会有大量的现在无法想象的新应用出现。这才叫作颠覆性的未来技术。预测未来是困难的,但预测未来的最好方式,就是把它创造出来。

图 5.21　量子计算机的一个个目标
(图片来源:墨子沙龙和谢耳朵科学漫画工作室授权使用)

最后,关于"九章"有一个花絮。在"九章"论文发表的第二天,即 2020 年 12 月 5 日,我应共青团中央的邀请,拍了一个介绍中国科大量子信息研究的视频。其中有一段是潘建伟研究组苑震生教授带我和两位同学参观他们的实验室。

在一个狭窄的空间里,苑老师告诉大家,我们身前这个格子里的器件就是"九章"的光路,身后那个格子里的器件就是"九章"的核心器件。也就是说,我们就置身在"九章"之中! 我们是在"九章"里面向大家介绍"九章"(图 5.22)!

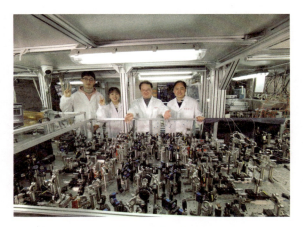

图 5.22　在"九章"里介绍"九章"

5.4　"九章"做的是什么？它真的是个计算机吗？

　　假如按照前面的标准,本节整体恐怕都得作为选读内容,因为其中会涉及不少数学。不过我还是希望大家沉下心来理解这些专业内容。这样你就可以深入理解"九章"究竟执行了什么任务,以及深入理解很多人对"九章"的攻击究竟是怎么回事。当然,如果有些地方看不明白,也不需要气馁,直接跳过即可,不会影响阅读后面的章节。

　　在5.3节我们介绍了"九章"处理的问题叫作玻色子取样。一个常见的比喻是,这个问题就好比光子的**高尔顿钉板**(Galton's board,图5.23)。这位弗朗西斯·高尔顿(Francis Galton,1822—1911,图5.24)是达尔文的表弟,对人类学、地理、数学、力学、气象学、心理学、统计学等很多领域都有创造性的贡献——跟他表哥一样,也是一位奇人啊!

　　高尔顿钉板是一种常见的玩具或者说教具,由一块平板以及上面钉的许多钉子组成。这些钉子排成若干行,第一行一个,第二行两个,第三行三个,如此等等,排成一个"杨辉三角"的形状。一个弹子球从上面落下,每次碰到一个钉子都会等概率地向左走或者向右走。可以推导出,如果最下面一行有 n 个开口,那么弹子球落到第 m 个开口的概率就正比于 C_n^m,即从 n 个物体中取 m 个物体的组合数:

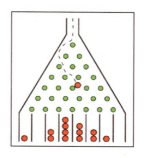

图 5.23　高尔顿钉板

（图片来源：阿伦森与阿尔希波夫论文①）

$$C_n^m = \frac{n!}{m!(n-m)!}$$

这是一个中间高两头低的分布，叫作二项式分布（binomial distribution）。因此，如果有很多个球落下，它们就会形成二项式分布。当 n 很大的时候，二项式分布（图 5.25）就趋近于正态分布（normal distribution）或者称为高斯分布（Gaussian distribution）。因此，科普著作也经常说高尔顿钉板会产生正态分布。

图 5.24　弗朗西斯·高尔顿

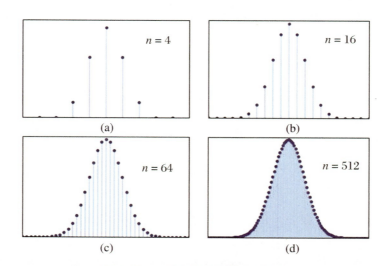

图 5.25　二项式分布逼近正态分布

① 参见 http://mathworld.wolfram.com/GaltonBoard.html。

如果我们愿意的话,可以把高尔顿钉板称为一种计算二项式分布或正态分布的计算机。然而,有些人看到这些比喻就停在这儿了,他们以为"九章"干的事情跟高尔顿钉板一模一样,以为"九章"费了这么大劲只不过产生了一个正态分布,然后就认为"九章"纯属欺世盗名。这些人犯的错误,就是分不清比喻和本体。其实二项式分布或正态分布的计算量极小,任何一台计算机都可以瞬间计算出结果,而"九章"产生的是一个超级复杂的分布,最强的超算要计算几亿年,这才是它们的本质区别。

在物理原理上,"九章"跟高尔顿钉板的关键区别在于"玻色子"。也就是说,通过"九章"的是光子,而不是弹子球。光子之间会发生量子的相互作用,这个相互作用导致光子出来的分布变得非常复杂,远远比二项式分布或正态分布复杂得多,这才是关键所在!

还有,前面提到过微观粒子分为两类:玻色子和费米子。光子属于玻色子,质子、中子、电子属于费米子。为什么"九章"做的是"玻色子取样"而不是"费米子取样"呢?因为费米子要满足泡利不相容原理,而玻色子不受这个限制。这个区别导致费米子取样的结果很容易计算,而玻色子取样的结果很难计算。因此为了实现量子优越性,我们要做的是玻色子取样,而不是费米子取样!

实际上,玻色子取样不是一个早已有之的问题,而是在 2013 年才提出来的,提出的目的就是为了实现量子优越性。有些质疑"九章"的文章虽然认为"九章"不是个计算机,但还是承认这是一个"人们梦寐以求的实验"。他们没有明白,如果不是因为这是量子计算机的重大进展,人们干吗要梦寐以求?

提出玻色子取样的论文叫作《线性光学的计算复杂性》(*The Computational Complexity of Linear Optics*),作者是斯科特·阿伦森(Scott Aaronson,图 5.26)和他的学生亚历克斯·阿尔希波夫(Alex Arkhipov)。阿伦森是著名的量子计算理论家和计算机科学理论家,当时是麻省理工学院电子工程与计算机科学系的教授,现在是德州奥斯汀大学计算机科学系的教授。这篇文章的图 1 就是高尔顿钉板。

下面我们来解释:玻色子取样中实际发生的是什么?

学过光学的人知道,光通过两个缝时会发生干涉,产生干涉条纹(图 5.27)。这是典型的波动现象。但学过量子力学的人知道,一束光是由多个光子组成的,而干涉条纹其实是一个光子自己跟自己干涉产生的。这话的意思是,如果把光减弱到一次只发一个光子(这是现在的技术完全可以做到的),那么一开始光子的落点会

图 5.26　斯科特·阿伦森

杂乱无章，但时间久了仍然会显示出干涉条纹，跟直接发一束强光的情况一样。因此，每个光子是自己在跟自己干涉，即"走第一条路"和"走第二条路"这两种状态之间的叠加。学过 3.2 节中的量子叠加，就很容易理解这一点。

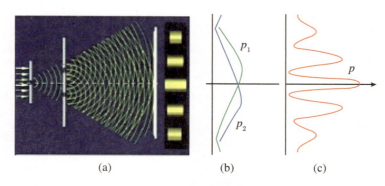

图 5.27　光的双缝干涉实验

　　一个光子自己跟自己干涉，已经很神奇了。但玻色子取样实验就更神奇，多个光子之间会发生多光子干涉，导致更奇妙的效应。用物理学术语来说，这叫作**洪-区-曼德尔凹陷**（Hong-Ou-Mandel dip）。这三位作者都是罗切斯特大学的物理学家，Hong 是韩国人洪廷基（Chung Ki Hong），Ou 是华人区泽宇。

　　他们在 1987 年发现，两个相同的光子在同时经过一个分束器之后会变得纠缠起来（回顾一下 3.4 节的量子纠缠）。最初这两个光子一个从左边来，一个从右边来。经过分束器之后再去测量它们，就会发现或者两个都在左边，或者两个都在右边，但不可能一个在左一个在右。阿伦森与阿尔希波夫论文的图 3，就是洪-区-曼德尔凹陷（图 5.28）。

線性光学的计算复杂性

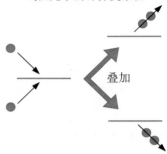

叠加

图 5.28　洪-区-曼德尔凹陷

这是一种纯粹的量子力学效应,在经典世界里是不可能出现的。洪-区-曼德尔凹陷是两个光子的纠缠,玻色子取样就是把它推广到更多的光子。

最终,从各个出口出来的光子会满足一个非常复杂的分布(图 5.29)。

3.4　Bosonic complexity theory

Having presented the noninteracting-boson model from three perspectives, we are finally ready to define BOSONSAMPLING, the central computational problem considered in this work. The input to the problem will be an $m \times n$ column-orthonormal matrix $A \in \mathcal{U}_{m,n}$.[19]　Given A together with a basis state $S \in \Phi_{m,n}$—that is, a list $S = (s_1, \ldots, s_m)$ of nonnegative integers, satisfying $s_1 + \cdots + s_m = n$—let A_S be the $n \times n$ matrix obtained by taking s_i copies of the ith row of A for all $i \in [m]$. Then let $\mathcal{D}_A$ be the probability distribution over $\Phi_{m,n}$ defined as follows:

$$\Pr_{\mathcal{D}_A}[S] = \frac{|\mathrm{Per}(A_S)|^2}{s_1! \cdots s_m!}. \tag{3.66}$$

图 5.29　玻色子取样的概率分布[①]

最下面那个公式(3.66)(阿伦森与阿尔希波夫论文中的编号),就是玻色子取样的概率分布。这个公式中分母上的 $s_1! \cdots s_m!$ 是 s_1 直到 s_m 的**阶乘**(factorial)的乘积,这些 s_1 到 s_m 是从各个出口出来的光子数,它们的总和是 n。分子上的 $\mathrm{Per}(A_s)$ 是 A_s 这个 $n \times n$ 矩阵的**积和式**(permanent),这个矩阵的元素由光路决定。

好,下面的问题是:阶乘和积和式是什么?

实际上,大多数人应该都知道阶乘,这是高中数学内容。一个自然数 n 的阶乘就是从 1 到 n 的乘积,常常写作 $n!$,即

---

① 参见 http://www.theoryofcomputing.org/articles/v009a004。

128　量子科学出版工程(第二辑)
Quantum Science Publishing Project (Ⅱ)

量子信息简话:给所有人的新科技革命读本
A Brief Introduction to Quantum Information:for Everyone to Understand the New Scientific Revolution

$$n! = 1 \times 2 \times 3 \times \cdots \times n$$

需要学习的新知识是积和式。这个也不难,对它最简单的解释是:把行列式 (determinant)定义中所有的负号都换成正号。如果你记得行列式是什么,这一句话应该就够了。如果你不记得,那么我们退回到基本定义:取一个 $n \times n$ 的方阵,在第一行取一个数字,在第二行不同的列取一个数字,在第三行跟前两个数字不同的列取一个数字,以此类推。总共取 n 行的 n 个数字,然后把它们乘起来。把所有这样的 n 个数的乘积相加,就是积和式。而行列式是所有这样的 n 个数的乘积相加和相减,其中一半系数是负的。

例如对于 a、b、c、d 四个数组成的方阵 A,

$$A = \begin{bmatrix} a & b \\ c & d \end{bmatrix}$$

它的积和式就是

$$\mathrm{per}(A) = ad + bc$$

而它的行列式是

$$\det(A) = ad - bc$$

你看,积和式的定义也很简单。下面真正的重点来了:**计算积和式是一个非常困难的任务**。为什么呢?

来考虑一下,对于 n 行 n 列的方阵,这 n 个数的取法总共有多少种?第一个数可以在 n 列中任选一个。第二个数不能和第一个数在同一列,所以它有 $n-1$ 个选择。第三个数不能和前两个数在同一列,所以它有 $n-2$ 个选择。以此类推,到倒数第二个数,只有两列可选。到最后一个数,只剩下一列,就只能选它了。所以这 n 个数的总的取法数量,就是把每一行的选择数量乘起来,即

$$1 \times 2 \times 3 \times \cdots \times n$$

它就是 n 的阶乘。所以一个 $n \times n$ 方阵的积和式,就是把这 $n!$ 项加起来,每一项是 n 个数的乘积。

然后值得注意的是:随着 n 的增加,$n!$ **增长得超级快**,它甚至比指数增长还

快。因为指数函数 c^n 是 n 每加 1 就乘以一个固定的倍数 c，而 $n!$ 却是 n 每加 1 就乘以一个 n，这个倍数会变得越来越大，超过任意的 c。

看一些实际的例子。

$$10! = 3\,628\,800$$

这已经很大了，但还在可处理的范围。然后 n 增加 10，

$$20! \approx 2.43 \times 10^{18}$$

即 243 亿亿。然后 n 再增加 10，

$$30! \approx 2.65 \times 10^{32}$$

即 2.65 亿亿亿亿。仅仅 30 这样一个日常生活中看起来很小的数字，就产生了 4 个"亿"连在一起的结果。继续增长下去，

$$60! \approx 8.32 \times 10^{81}$$

一般认为宇宙中总的粒子数在 10^{80} 的数量级，所以仅仅是 60 的阶乘就超过了整个宇宙的粒子数！要一台多大的计算机，才算得动一个 60×60 矩阵的积和式呢？

现在，大家明白计算积和式的难度何在了吧？它跟 4.3 节中所举的旅行商问题一样，都是看起来平淡无奇，解法直截了当，但一列出来就会发现计算量增长得飞快，很快就无法计算了。

选读内容：行列式与积和式的快速算法

你也许会问：行列式跟积和式一样也是 $n!$ 项的和，只不过这些项的系数有正有负，为什么没听说行列式难以计算呢？（如果你想到了这个问题，祝贺你，这说明你是一个非常勤于思考的人！）

实际上，对于行列式人们早已发明了快速的算法，通过矩阵变换，而不是直接用定义计算，所以它的计算量远远低于 $O(n!)$。甚至对于积和式，如果每一个矩阵元都是实数，也已经有了快速的算法。但量子力学里用的数是复数（可以回顾一下 3.2 节选读内容中的布洛赫球），玻色子取样中用到的矩阵元其实都是复数。对于这种情况，至今没有找到快速的算法。

让我们回到阿伦森和阿尔希波夫的文章。玻色子取样这个问题有两大优点。

首先,它的结果有**明确的解析表达式**,即图 5.29 中的公式。假如没有这个限制,我们可能就会说一个物理体系就是它对应的数学方程的解,例如一块固体就是它对应的薛定谔方程的解,然后测量这块固体的性质就相当于快速解薛定谔方程了。但这属于要赖,因为目前并不知道这个薛定谔方程的解析解,无法用经典计算机计算解析解来对照。所以当我们谈论量子优越性的时候,一定要明确地列出对应的数学问题是什么,要有解析解可供对比才行。

然后,**用经典计算机计算这个解析表达式非常困难,而用实验装置可以快速地得到测量结果**。只有满足这两个条件,才能算实现了量子优越性。

对玻色子取样来说,积和式的计算非常困难,所以玻色子取样的概率分布对于经典计算机非常困难。如果我们能把光子数推到足够大,超级计算机已经算不动了,而物理装置仍然能够快速取样,那么就实现了量子优越性。这需要达到多少个光子呢?阿伦森和阿尔希波夫的估计是,20～30 个光子就可能超越经典计算机。

这个数听起来不多,其实技术难度大得惊人,因为需要对实验装置的超高精度控制。例如前面说到普通的干涉是单个光子自己跟自己干涉,这是很容易做到的。而洪-区-曼德尔凹陷是两个光子干涉,这就要求两个光子不可分辨(indistinguishable),具有完全相同的能量、相位、偏振等性质,这就难得多了。更多光子的玻色子取样,就需要更多光子不可分辨,所以难度迅速上升到逆天。

有一位以色列数学家吉尔·凯莱(Gil Kalai,图 5.30),预言过玻色子取样永远不可能实现量子优越性。他的表述十分幽默,是这样的形式:

设想有一支外星人的军队,比我们强大得多,降落到地球上,要求我们展示 5 个光子的玻色子取样,否则就摧毁地球。在这种情况

图 5.30 吉尔·凯莱

下,我们应该调集我们所有的量子工程力量,尝试实现它。但假如外星人要求的是比如说 10 个光子的玻色子取样,那么我们最好的选择就是尝试攻击外星人。

选读内容：埃尔德什和拉姆塞问题

凯莱用的是前辈数学家**埃尔德什·帕尔**(Erdös Pál，英文名 Paul Erdös，1913—1996，图 5.31)的语言。埃尔德什是一位极富传奇色彩的匈牙利数学家。匈牙利语中姓名的写法跟中文一样，姓在前名在后，所以根据"名从主人"的原则，我们称他为埃尔德什·帕尔。

图 5.31 埃尔德什·帕尔

埃尔德什一生没有固定的任职机构，50 余年间奔波于四大洲，应邀到大学或研究中心合作从事数学研究。先后与 200 多位数学家合作，发表论文千余篇。因在数论、组合论、概率论、集合论和数学分析方面的大量工作，以及对全球数学家的个人激励而获得 1983 年沃尔夫奖。著名华人数学家、菲尔兹奖获得者陶哲轩，小时候就得到过埃尔德什的教导。

组合数学中有一个领域叫作**拉姆塞理论**，以英年早逝的英国数学家**弗兰克·拉姆塞**(Frank Plumpton Ramsey，1903—1930，图 5.32)命名。这是一个埃尔德什非常感兴趣的领域。

拉姆塞理论的精神是，**给定足够多的样本，那么任何复杂的结构都会必然出现**。例如一个著名的定理是，**6 个人中必然有 3 个人互相认识或者 3 个人互相不认识**。换一种说法就是，6 个点之间两两连线，每条线都是红色或蓝色，那么必然有一个红色三角形或者有一个蓝色三角形(图 5.33)。

这个定理用拉姆塞理论的语言说，就是

$$R(3,3) = 6$$

图 5.32 弗兰克·拉姆塞

给定两个自然数 s 和 t，拉姆塞数 $R(s,t)$ 的意思是：达到这么多人，其中就必然有 s 个人互相认识

或者 t 个人互相不认识。拉姆塞证明了，这样的拉姆塞数必定存在，是有限数。

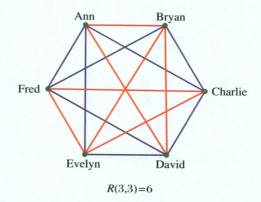

图 5.33　拉姆塞数

　　虽然我们能够对拉姆塞数的上下限给出一些估计，但精确计算它的难度上升得非常快。目前我们知道

$$R(4，4) = 18$$

但不知道 $R(5，5)$ 等于多少，$R(6，6)$ 就更不知道了。其实我们已经知道了 $R(5，5)$ 在 $[43，49]$ 的区间里，但把它确定到一个值就非常困难。

　　为了表现拉姆塞问题的难度，埃尔德什有一段著名的论述：

　　　　设想有一支外星人的军队，比我们强大得多，降落到地球上，要求我们给出 $R(5，5)$ 的值，否则就摧毁地球。在这种情况下，我们应该调集我们所有的计算机和数学家，尝试找到这个值。但假如外星人要求的是 $R(6，6)$，那么我们最好的选择就是尝试攻击外星人。

　　其实凯莱是一位铁杆的量子计算反对者，他因为认为"量子计算机永远都不可能成功"而闻名于业界。他的基本理由有两类：量子计算机太困难，经典计算机能进步。每当有一个量子计算机的成果出来，他就会想办法用经典计算机赶上它，当然不一定能做到。对玻色子取样上限的预测，就是他提出的一个著名的反对意见，或者说一个著名的"flag"。虽然他的这个预言被证伪了，但他很多具体的工作对学术界是有益的，我们应该欢迎这种善意的批评和竞争。

了解了这些背景,你就会明白"九章"成果的惊人程度:平均光子数 43,最多达到 76。想想看,凯莱的看法是不可能超过 10!所以最终的结果是:"九章"用 200 秒取样了 5 千万次,而现在最强的超级计算机"富岳"取同样多的样需要 6 亿年,"九章"超过了它一百万亿倍!

前面说过,"九章"发展了大量的新技术,如最好的量子光源、最好的干涉技术、最好的锁相技术、最好的单光子探测器等等。实际上,这些技术在很大程度上就是为了保证超高精度的控制,从而实现玻色子取样这个精确的数学问题,对表达式中的每一个变量如每一个矩阵元赋一个精确的值。例如这个最好的锁相技术,实现的是在 2 米自由空间加 20 米光纤的光程中抖动不超过 25 纳米,相当于 100 千米的距离误差小于一根头发丝。正因为"九章"做的是一个有明确定义的数学问题,所以它可以用超级计算机明确地检验。

在光子数较少的时候,"九章"的结果跟中国的超级计算机"神威太湖之光"做过对照:完全符合。只是在光子数多的时候,"九章"才让超级计算机跟不上了。如果你想问,这时怎么判断"九章"的结果对不对,那么请参见 5.2 节的选读内容"量子计算机的结果验证"。在这方面,"九章"和"悬铃木"的基本思路是一样的。

我们再稍微解释一下"九章"的实验设置。为什么它的光子数不是一个固定值,而是平均 43,最多 76?因为"九章"做的是**高斯玻色子取样**(Gaussian boson sampling),而不是最初版本的玻色子取样。

高斯玻色子取样是 2017 年提出的一种对玻色子取样的改进方法,把原来的输入单光子改成了输入"单模压缩态"(single-mode squeezed states)。这是一种光子数的叠加态,即你去测量它的光子数,有可能会得到这个值,也可能会得到那个值,有个可变范围。是的,粒子数也是可以叠加的!回顾一下 3.2 节,是不是对量子叠加有了更深的领悟?顺便说一句,之所以在名称中出现"高斯"这个词,是因为单模压缩态是一种高斯态(Gaussian state),即它在相空间的分布函数是高斯形式。

高斯玻色子取样在计算复杂度上跟原始的玻色子取样一样,但在实验实现上变得方便了许多,所以后来的玻色子取样实验都改用它了。"九章"真正输入的是 50 个单模压缩态,然后让它们去过一个有 100 个模式的光学干涉仪,即有 100 个出口(图 5.34,图 5.35)。这对应一个 100×100 的变换矩阵,然后对于每个测得的光子数 n,实际对应的就是这个 100×100 矩阵中某个随机的 $n \times n$ 的子矩阵的积和式。因此,最大取样到了 76×76 的矩阵,这远远超出现有计算机的计算能力。回顾一下前面说的,60 的阶乘就超过了宇宙中的粒子数。

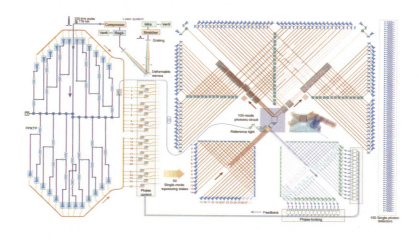

图 5.34 "九章"量子计算原型机光路系统原理图①

左上方激光系统产生高峰值功率飞秒脉冲;左方 25 个光源通过参量下转换过程产生 50 路单模压缩态输入到右方 100 个模式光量子干涉网络;最后利用 100 个高效率超导单光子探测器对干涉仪输出光量子态进行探测。

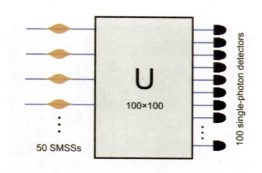

图 5.35 "九章"装置的示意图②

最后,我们来稍稍回应一些常见的对"九章"的质疑。这些质疑全都是由于缺乏某些基础知识造成的,所以我们不再展开,只做最简单的回复,指出它们错在哪里就行了。如果你完全理解了上面的内容,那么这些质疑对你来说肯定都已经是小菜一碟了。

质疑 1:"九章"只是个光学实验,不是个计算机。

回答:"九章"既是个光学实验,也是个计算机。正如现在的计算机既是电学实

---

①② 参见 https://science. sciencemag. org/content/suppl/2020/12/02/science. abe8770. DC1。

验,也是计算机。

质疑2:"九章"只能做一件事,连加减乘除都算不了,不是个计算机。

回答:量子计算机的价值在于对某些问题算得快,而不在于什么都能算。在一个任务上取得突破,比"样样通,样样松"有价值得多。而且加减乘除现在的计算机已经做得很好了,干吗还需要量子计算机去做它?

质疑3:"九章"没有控制计算的每一步,只是在最后输出结果,不是个计算机。

回答:费曼建议的量子计算机本来就是这样,重要的是它能做到以前做不到的事。我们见到一个新事物,最重要的问题应该是"它能实现什么超能力"(图5.36),而不是"它叫什么名字"。

质疑4:我拿个手电筒对着很多面镜子乱照一通,或者点个爆竹,或者在风洞里给飞行器吹风,或者发生一场核爆炸,计算机模拟也要算很久,难道就超越经典计算机了?

回答:要计算,你首先得知道自己计算的是一个什么数学问题,要有明确的数学表达式,还要把每个参数都精确地输进去。"九章"做到了这两点,而"乱照一通"等,能知道对应的是什么数学问题吗?

图5.36 蝙蝠侠的"钞能力"(电影《正义联盟》)

第6章 最具科幻色彩的量子信息技术：
量子隐形传态

　　前面两章介绍了量子计算，最后三章我们来介绍量子通信。许多人把量子通信当成一种具体的通信技术，其实量子通信是一个大的研究领域，包括若干种技术，如本章介绍的量子隐形传态、后两章要介绍的量子密码以及本书不介绍的超密编码（dense coding），等等。在所有的量子通信技术中，甚至是在所有的量子信息技术中，量子隐形传态是最引人入胜、最具有科幻色彩的一个。

6.1　时间旅行、传送术和反重力，哪个是真实的？

　　有一位伟大的科学家叫作理查德·汉明（Richard Wesley Hamming，1915—1998，图6.1），他是信息论的创始人之一。"之一"的意思，就是他对信息论的贡献仅次于头号创始人克劳德·香农（Claude Elwood Shannon，1916—2001）。至于拿个图灵奖什么的，当然不在话下了。（汉明1968年获得了第三届图灵奖，而香农从来没有拿过图灵奖，因为他的等级比这个奖更高——这就是两人的差距！）

图6.1　理查德·汉明

　　1986 年,汉明做了一个标题和内容都巨酷无比的演讲《你和你的研究》(*You and Your Research*),其中讨论的核心问题是"为什么只有这么少的科学家做出了重要贡献?为什么这么多科学家被遗忘在了历史的长河中?"。这种量级的问题显然也只有这种量级的科学家才有资格、有干货去讲。我和许多人都从这个演讲中受益匪浅。

　　有趣的是,演讲中有这样一段话:

　　我们没有研究过(1)时间旅行,(2)传送术,(3)反重力。这些不是重要的问题,因为我们没办法进攻它们。使一个问题重要的不是解决它带来的后果,而是你有合理的攻击方法。①

　　这段话的本意是讲一个基本的方法论,但对本书而言,最值得注意的却是"传送术"这个词。汉明把传送术跟时间旅行和反重力并列,作为看起来很美却没办法实现的目标之一。请注意这是在 1986 年,当时这话是完全正确的。

　　但是情况在 1993 年发生了变化。查尔斯·贝内特(Charles Henry Bennett)等六位理论物理学家发表了一篇论文(图 6.2),标题很专业——**《通过双重的经典与爱因斯坦-波多尔斯基-罗森信道传送未知的量子态》**(*Teleporting an Unknown Quantum State via Dual Classical and Einstein-Podolsky-Rosen Channels*)。然而

---

　　① 原文:We didn't work on (1) time travel,(2) teleportation, and (3) antigravity. They are not important problems because we do not have an attack. It's not the consequence that makes a problem important,it is that you have a reasonable attack.

138　量子科学出版工程(第二辑)
　　　Quantum Science Publishing Project(Ⅱ)

量子信息简话:给所有人的新科技革命读本
A Brief Introduction to Quantum Information:for Everyone to Understand the New Scientific Revolution

了解量子纠缠的人能看明白（回顾一下 3.5 节中提到的 EPR 纠缠对），这说的就是**通过量子纠缠实现传送术**。用最朴实无华的语言实现最惊人的结果，这是科学论文的典型风格。此后，这种方案就被称为**量子隐形传态**（quantum teleportation）。

PHYSICAL REVIEW
LETTERS

VOLUME 70	29 MARCH 1993	NUMBER 13

Teleporting an Unknown Quantum State via Dual Classical and Einstein-Podolsky-Rosen Channels

Charles H. Bennett,[1] Gilles Brassard,[2] Claude Crépeau,[2],[3]
Richard Jozsa,[2] Asher Peres,[4] and William K. Wootters[5]

[1] IBM Research Division, T. J. Watson Research Center, Yorktown Heights, New York 10598
[2] Département IRO, Université de Montréal, C.P. 6128, Succursale "A", Montréal, Québec, Canada H3C 3J7
[3] Laboratoire d'Informatique de l'École Normale Supérieure, 45 rue d'Ulm, 75230 Paris CEDEX 05, France[a]
[4] Department of Physics, Technion–Israel Institute of Technology, 32000 Haifa, Israel
[5] Department of Physics, Williams College, Williamstown, Massachusetts 01267
(Received 2 December 1992)

图 6.2　论文《通过双重的经典与爱因斯坦-波多尔斯基-罗森信道传送未知的量子态》

下一个里程碑是在 1997 年。奥地利因斯布鲁克大学安东·塞林格（Anton Zeilinger，图 6.3）教授的研究组在《自然》（*Nature*）发表一篇论文，标题简简单单地就叫《实验量子隐形传态》（*Experimental Quantum Teleportation*，图 6.4），只有三个英文单词。他们把一个光子的极化态即偏振（回顾一下 3.2 节），通过量子纠缠的帮助，传到了远处的另一个光子上。传送术第一次变成了现实！

图 6.3　安东·塞林格

这篇文章引起了巨大的轰动，入选了《自然》的"百年物理学 21 篇经典论文"。跟它并列的论文，包括伦琴发现 X 射线、爱因斯坦建立相对论、沃森和克里克发现 DNA 双螺旋结构等等。值得一提的是，潘建伟是此文的第二作者，当时他在塞林格的研究组里读博士。塞林格是一位著名的量子信息研究领导者，获得了许多国际大奖,如 2007 年英国物理学会首次颁发的"艾萨克·牛顿奖"(Isaac Newton Medal)以及 2019 年中国首次颁发的"墨子量子奖"。

Published: 11 December 1997

Experimental quantum teleportation

Dik Bouwmeester ✉, Jian-Wei Pan, Klaus Mattle, Manfred Eibl, Harald Weinfurter & Anton Zeilinger

Nature **390**, 575–579(1997) | Cite this article

12k Accesses | **3347** Citations | **140** Altmetric | Metrics

图 6.4　论文《实验量子隐形传态》

　　所以在汉明做演讲的 1986 年,传送术还是一个纯粹的科幻,但在 1993 年尤其是 1997 年之后,传送术已经不是一个纯粹的科幻,它有科学原理了!

　　这话对《星际迷航》(*Star Trek*)也适用。这个经典的科幻影视系列中的每一部都会用到传送术,把人从一个地方瞬间传送到另一个地方(图 6.5)。片中最经典的台词就是:"把我传上去(Beam me up)!"所以我们可以说,在《星际迷航》刚开始拍的 20 世纪 60 年代,斯波克(Spock,图 6.6)等人用的传送术还完全是幻想,而现在已经不是了!

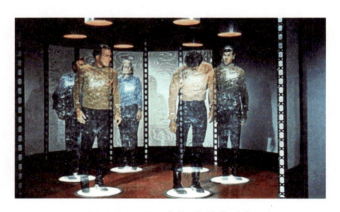

图 6.5　《星际迷航》中的传送术

　　以后你就可以出一道题:请问下面哪一个跟其他的性质不同?(1)时间旅行,(2)传送术,(3)反重力。答案是:传送术!

140　量子科学出版工程(第二辑)
Quantum Science Publishing Project(Ⅱ)

量子信息简话:给所有人的新科技革命读本
A Brief Introduction to Quantum Information:for Everyone to Understand the New Scientific Revolution

只要知道这一点，你的知识水平就超过了 90% 的人。不过立刻要加上一个提醒：量子隐形传态现在还不能传送一个人，我们可以做到的是传送一个粒子。

图 6.6　斯波克的经典手势与祝福

选读内容：《你和你的研究》中的一个故事

汉明的这个演讲在提到时间旅行、传送术和反重力之前，讲了一个他亲身经历的故事。这个故事也非常有趣和有教益，我把它介绍给大家。

这个故事的开头是说汉明曾经经常和贝尔实验室的物理学家一起同桌吃饭，包括威廉·肖克利（William Bradford Shockley，1910 — 1989）、沃尔特·布拉顿（Walter Houser Brattain，1902 — 1987）、约翰·巴丁（John Bardeen，1908 — 1991）等人（这三人因为发明晶体管获得 1956 年诺贝尔物理学奖）。汉明从他们的饭桌谈话中学到了很多。但在这些人获得诺贝尔奖、离开贝尔实验室后，汉明不得不寻找新的吃饭伙伴。以下为演讲原文：

在餐厅的另一端有一个化学的饭桌。我曾和其中一个家伙一起工作过，戴夫·麦考尔（Dave McCall），而且那时他正在追求我们的秘书呢。我走过去说："我能加入你们吗？"他们不能说不，于是我开始和他们吃了一阵子饭。然后我开始问："什么是你们领域里重要的问题？"过了一个星期左右，我又问："你们正在研究什么重要的问题？"又过了一段时间后，我跟他们说："如果你们正在做的事情不重要，如果你们不认为它将导致重要的结果，那你们为什么还在贝尔实验室搞它呢？"从此我就不受欢迎了，我不得不再去找别的人吃饭了！那是在春天。

到了秋天，戴夫·麦考尔在餐厅拦住我说："汉明，你那个评论一直萦绕我心（that remark of yours got underneath my skin）。我思考了整个夏天，什么是我的领域里重要的问题。我没有改变我的研究,但我认为这思考是十分值得的。"我说:"谢谢你,戴夫。"然后走了。我注意到几个月以后他成了他们部门的领导。我注意到有一天他成了美国工程院院士。我注意到他成功了。我再也没有听到那张桌子上任何其他人的名字在科学里与在科学圈子里被提起过。他们没能问自己:"什么是我的领域里重要的问题?"

如果你不去研究重要的问题,你就不太可能做出重要的工作。这完全是显而易见的。伟大的科学家非常仔细地通盘考虑过他们领域里的若干个重要问题,并且随时留神考虑如何进攻它们。我得提醒你,"重要的问题"必须谨慎地表达。那三个重大的物理问题,在某种意义上,当我在贝尔实验室的时候从来没有被研究过。所谓重要,我指的是可以保证获得诺贝尔奖以及你想得到的任何数量的金钱的那种。我们没有研究过(1)时间旅行,(2)传送术,(3)反重力。这些不是重要的问题,因为我们没办法进攻它们。使一个问题重要的不是解决它带来的后果,而是你有合理的攻击方法。这才是使一个问题重要的东西。当我说大多数科学家没有研究重要的问题时,我指的是这个意思。普通的科学家,在我所知的范围内,把他们几乎全部的时间花在了他们不认为重要、也不认为会引出重要问题的问题上。

6.2　量子隐形传态是什么? 不是什么?

下面我们来详细解读量子隐形传态究竟是什么。实际上,这个问题在很大程度上是它"不是什么",因为大多数人都很容易望文生义,对它产生种种误解。

最容易讲清楚的一个误解,是它并不是空间跳跃。量子隐形传态传的不是**粒子**,而是**状态**。也就是说,我们并不是让一个物体在这里消失,在那里出现,而是让一个物体的状态出现在远处的材料上。首先要有材料。

打个比方,这里有一辆车,那里有一堆汽车零件,传送的结果是远处的汽车零件组装成了一辆车。在这方面,中文的"量子隐形传态"这个名字比英文的"quantum teleportation"好得多,一看这个中文名你就会明白传送的是状态而不是粒子(图 6.7)。

第二个容易产生的误解,是经常有人以为这样会得到两个相同的人。于是立刻就产生一大堆伦理问题:哪个是真正的自己?! 实际上,在把状态传到远处的同时,本地粒子的状态必然会改变。好比远处的汽车零件组装成了一辆车,同时本地的汽车变成了一堆零件。所以永远都不会出现相同的两个状态,不会出现相同的两个人。

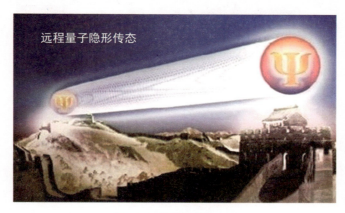

图 6.7　量子隐形传态

在这个意义上,量子隐形传态是状态的**移动**,而不是**复制**。如果要说复制的话,也是**破坏性**的复制。好比武侠小说中前辈把功力传给主角,传完后前辈就没有功力了,而不是出现两个高手。

第三个常见的误解,是经常有人以为量子隐形传态是**超光速**传输,可以"biu"的一声把人传到任意远的地方,推翻相对论! 破碎虚空! 很遗憾,这又是错的。

量子隐形传态有若干个步骤,其中量子纠缠的步骤确实是不需要时间的,速度无限大。然而还有一步是传输一个经典的信息,这一步要用经典的通信方法实现。所谓经典的通信方法就是我们现在在用的通信方法,如光纤、电话等,甚至普通信件。这一步最高的速度就是光速,所以量子隐形传态整体最高的速度也是光速,而不是无穷大。好比你开着一辆跑车狂奔,然后遇到一段堵车,那么你在其他路段跑得再快也没用,整个行程的速度都被这段堵车拖下来了(图6.8)。虽然把光速称为一个拖后腿的"低速"显得有点滑稽,但道理就是这个道理。

第四个误解就不是那么常见了,大多数人恐怕还来不及思考到这个层次。这里问的是,量子隐形传态是怎样传输的? 科幻作品中经常把传送术表现为先对一个物体扫描一遍,读出它的状态,然后传过去。如果有人思考到这个层次,我甚至都不好意思说他错,因为勤于思考总是好的。但这种理解其实还是错的。

为什么错呢？因为我们在前面讲过，量子力学中的测量会改变体系的状态，所以这条路是行不通的。

图6.8　跑车被堵在路上

量子隐形传态实际的做法非常巧妙，是通过量子纠缠来传输一个**未知的状态**。请注意，关键是未知的状态。如果是已知的状态，当然也能传，但那就不需要量子隐形传态了，直接制备这个状态就可以了。量子隐形传态的神奇之处，在于它能传未知的状态。好比一个忠实的快递员，从头至尾不知道包裹里装的是什么，但原原本本地把包裹送到了目的地。传之前不知道，传之后仍然不知道，但它能确保传到。

总结一下，量子隐形传态是以**不高于光速**的速度、**破坏性**地把一个体系的**未知状态**传输给另一个体系。打个比方，用颜色表示状态。A粒子最初是红色的，通过量子隐形传态，我们让远处的B粒子变成红色，同时A粒子变成了绿色。但我们完全不需要知道A最初是什么颜色，无论A是什么颜色，这套方法都可以保证B变成A最初的颜色。

如果你记住了量子隐形传态是什么和不是什么，还记住了它是通过量子纠缠实现的，那么你的知识水平就超过了99%的人。

如果你想知道它的具体步骤，那么我在这里只能大致告诉你：它需要用到三个粒子。待传输状态的粒子是A，另外两个粒子B和C处于纠缠态。然后我们让A和B纠缠起来，对AB的整体做一个测量，测量结果是00、01、10、11这四个字符串之一。把这个测量结果发给远处的人，他根据这个两比特的信息对C做一个操作，就能让C变成A最初的状态（图6.9）。

如果你听不懂，这是正常的。如果你能记住用到了三个粒子、对两个粒子做测量，那么你的知识水平就超过了99.9%的人。如果你真的想透彻了解，那么你需要去看量子信息的专业教材或者下面的选读内容。如果都理解了,你的知识水平就超过了 99.99% 的人。

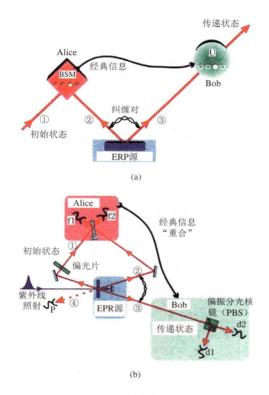

图 6.9　量子隐形传态原理[①]

选读内容:量子隐形传态的实现方法

首先,发送者 Alice 手里有一个粒子 A,它的初始状态是 $a|0\rangle + b|1\rangle$。这是待传送的目标状态,其中 a 和 b 是未知的两个数。

然后,引入两个粒子 B 和 C,它们处于

$$|\beta_{00}\rangle = \frac{|00\rangle + |11\rangle}{\sqrt{2}}$$

---

① 参见 https://www.nature.com/articles/37539/figures/1。

的纠缠态。我们约定,B 粒子也在 Alice 手里,而 C 粒子在接收者 Bob 手里。也就是说,B 和 C 是一个远程的 EPR 对。现在,A、B、C 这个三粒子体系的初始状态是

$$(a \, |0\rangle + b \, |1\rangle) \, |\beta_{00}\rangle$$

然后,对这个三粒子体系做一些操作(量子态操作的方法本书中没有讲,需要看专业教材才能明白),把它的状态变成

$$\frac{1}{2} \big[\, |00\rangle(a \, |0\rangle + b \, |1\rangle) + |01\rangle(a \, |1\rangle + b \, |0\rangle)$$
$$+ |10\rangle(a \, |0\rangle - b \, |1\rangle) + |11\rangle(a \, |1\rangle - b \, |0\rangle) \big]$$

其中,每一项里从左到右的三个数字分别表示 A、B、C 的状态。

然后,Alice 对自己手里的 A + B 这个两粒子体系做测量,结果必然是得到 $|00\rangle$、$|01\rangle$、$|10\rangle$ 和 $|11\rangle$ 这四者之一,各有 1/4 的概率。这是一个两比特的经典信息。与此同时,C 粒子的状态变成了上面的三粒子状态中 $|00\rangle$、$|01\rangle$、$|10\rangle$ 和 $|11\rangle$ 这四者后面括号中的状态中的某一个。也就是说,对应关系是

$$00 \rightarrow a \, |0\rangle + b \, |1\rangle$$
$$01 \rightarrow a \, |1\rangle + b \, |0\rangle$$
$$10 \rightarrow a \, |0\rangle - b \, |1\rangle$$
$$11 \rightarrow a \, |1\rangle - b \, |0\rangle$$

现在 C 粒子可能处于的这四种状态都是 a、b、$|0\rangle$、$|1\rangle$ 的某种组合。无论是哪一种,都可以通过某种操作把它变成 $a|0\rangle + b|1\rangle$。所以关键就是,要知道到底是哪一种。

于是下一步,Alice 把这个两比特的经典信息通过经典的信道传给 Bob。

最后,Bob 根据这个信息做相应的操作,就可以把手里的 C 粒子的状态变成 $a|0\rangle + b|1\rangle$。具体而言,如果是 00,就什么都不用做;如果是 01,就用一个"X门";如果是 10,就用一个"Z门";如果是 11,就先用 X 门再用 Z 门。这些门的意义,需要参见专业教材或者 3.5 节中关于贝尔不等式的选读内容。

知道了量子隐形传态的整个过程,就很容易理解它没有超光速,因为两比特经典信息的传输不能超光速。也很容易理解它没有得到相同的两个状态,因为当 C 粒子变成 $a|0\rangle + b|1\rangle$ 的时候,A 粒子已经变成了 $|0\rangle$ 或 $|1\rangle$。还可以理解为什么

它可以传输未知的状态,因为从头到尾我们都没有尝试去测量 a、b。如果你真的那样做,反而会破坏未知的状态,那就糟了!

量子隐形传态是量子通信中的一个技术,而它最大的用处,却是在量子计算中。这是因为量子力学中有一条定理叫作**量子态不可克隆定理**(no-cloning theorem),意思是:一个未知的量子态是无法复制的。如果是已知的量子态,那当然可以复制,但未知的就不行。由此导致的一个后果是:**量子计算机是没有复制操作的**。

选读内容:量子态不可克隆定理的证明

这个定理的证明并不长,《量子计算与量子信息》的 12.1 节用不到一页纸就证明了它。不过其中涉及本书正文没有讲解的概念**酉变换**(unitary transformation),因此在这里我们只是非常简略地介绍一下。

酉变换又译为幺正变换,学过线性代数的人很熟悉这个概念。它的定义是:酉变换保持线性空间两个矢量的内积不变,即 $|u\rangle$ 和 $|v\rangle$ 的内积等于 $\hat{U}|u\rangle$ 和 $\hat{U}|v\rangle$ 的内积。量子力学中能够对系统进行的操作,除了测量以外,全都属于酉变换。另一方面,所有的酉变换也全都可以用量子力学操作实现。

有了这些基础,就可以来证明量子态不可克隆定理。假设有一台量子克隆机器,它有两个插槽。插槽 A 放的是待复制的状态 $|\psi\rangle$,插槽 B 放的是某个初始状态 $|s\rangle$。也就是说,这台机器的初始状态是直积态

$$|\psi\rangle\,|s\rangle$$

既然它是一台量子克隆机器,就应该存在某个作用在这个双粒子体系上的酉变换 $\hat{U}$,使得对于任意的 $|\psi\rangle$,经过变换之后都会让两个插槽同时处于 $|\psi\rangle$,即

$$\hat{U}(|\psi\rangle\,|s\rangle) = |\psi\rangle\,|\psi\rangle$$

然而这是不可能的,因为考虑另一个初始状态 $|\varphi\rangle$,就会有

$$\hat{U}(|\varphi\rangle|s\rangle) = |\varphi\rangle|\varphi\rangle$$

把这两个等式左右两边各自做内积,就会得到

$$\langle\psi|\varphi\rangle = \langle\psi|\varphi\rangle^2$$

这说明什么? 说明 $\langle\psi|\varphi\rangle$ 只能等于 0 或 1。但是 $|\psi\rangle$ 和 $|\varphi\rangle$ 是两个任意的状态,所以它们的内积完全可以取其他值,如 1/2 或 i。因此,初始的假设是错误的,通用的量子克隆机器不存在。定理得证。

请仔细想想,这是多么惊人的一件事! 在经典计算机中,我们整天用复制,例如 Windows 中的 ctrl + c 然后 ctrl + v,谁也不会觉得这有什么奇怪。但在量子计算机中,这个基本操作却是无法实现的。对于一个未知的量子比特,你不能复制,只能移动,好比 Windows 中的剪切 ctrl + x 然后 ctrl + v。而移动的办法,就是量子隐形传态。在未来的量子计算机中,**量子隐形传态将成为传输量子比特的基本方法**。

6.3   我们离传送人还有多远?

6.1 节中我们说道,奥地利因斯布鲁克大学塞林格研究组在 1997 年第一次实现了量子隐形传态。当时潘建伟在这里读博士,是这篇文章的第二作者。

塞林格问过潘建伟一个 CCTV 风格的问题:你的梦想是什么? 潘建伟的回答是:在中国建设一个世界一流的量子物理实验室。

然后怎么样? 他做到了!

回到中国科大工作以后,潘建伟真的建立了一个世界一流的量子物理实验室,做出了许多世界领先的成果,培养了许多杰出人才(图 6.10)。

2015 年,潘建伟和陆朝阳等人在《自然》(*Nature*)上发表了一篇文章,标题是《单个光子的多个自由度的量子隐形传态》(*Quantum Teleportation of Multiple Degrees of Freedom of a Single Photon*,图 6.11)。

图 6.10　潘建伟和陆朝阳

Published: 25 February 2015

Quantum teleportation of multiple degrees of freedom of a single photon

Xi-Lin Wang, Xin-Dong Cai, Zu-En Su, Ming-Cheng Chen, Dian Wu, Li Li, Nai-Le Liu, Chao-Yang Lu ✉ & Jian-Wei Pan ✉

Nature **518**, 516–519(2015)　Cite this article

3054 Accesses　**290** Citations　**126** Altmetric　Metrics

图 6.11　论文《单个光子的多个自由度的量子隐形传态》

　　你看明白他们的新成果是什么了吗？新成果是**多个自由度**。自由度（degree of freedom）就是描述一个体系所需的变量数目。例如一条线上的一个点，自由度就是 1。一个面上的一个点，自由度就是 2。三维空间中的一个点，自由度就是 3。所谓多个自由度的量子隐形传态，就是以前只能传一个性质，现在能传多个性质（图 6.12）。

　　多个是多少呢？其实就是两个。光子具有**自旋角动量**（spin angular momentum）和**轨道角动量**（orbital angular momentum）这两个自由度，现在他们做到了同时传输这两个角动量。而以前的量子隐形传态实验已经对多种物理体系实现过，如光子、冷原子、离子阱、超导、量子点和金刚石色心，但在所有这些实验中都只能传输一个自由度。

打个比方,上一节我们用颜色来表示状态,现在我们用颜色和形状来表示状态。A 粒子最初是红色的球,通过量子隐形传态,我们让 B 粒子变成红色的球,同时 A 粒子变成绿色的方块。

要传输多个自由度,就需要制备多粒子的多个自由度的"超纠缠态",这比制备单自由度的纠缠态更加困难。潘建伟研究组经过多年努力,制备了国际上最高亮度的自旋-轨道角动量超纠缠源、高效率的轨道角动量测量器件,突破了以往国际上只能操纵两光子轨道角动量的局限,搭建了 6 光子 11 量子比特的自旋-轨道角动量纠缠实验平台,才实现了自旋和轨道自由度的同时传输。

图 6.12　媒体报道我国首次实现多自由度量子隐形传态

《道德经》说:"道生一,一生二,二生三,三生万物。"我们可以说量子隐形传态在 1997 年实现了"道生一",那时潘建伟还是博士生。2015 年实现了"一生二",这时他已经是量子信息研究领导者。从传输一个自由度到传输两个自由度,走了 18 年之久。这中间有无数的奇思妙想、艰苦奋斗,是人类智慧与精神的伟大成就。

这项成果引起了巨大的轰动,被英国物理学会评为 2015 年十大物理学突破之首。这项成果还有一个奇妙的效果,就是开启了我的科普生涯,序言中讲了这个故事。所以现在大家在这里见到我,就要追溯到"多个自由度的量子隐形传态"。

量子隐形传态的另一个研究方向是扩展传输距离。2010 年和 2012 年,潘建伟研究组分别在长城和青海湖上空实现了 16 千米和 97 千米的量子隐形传态。2017 年,他们又实现了从地面站到"墨子号"量子科学实验卫星的量子隐形传态,距离长达 1 400 千米(图 6.13)。所以在这个研究方向上,中国也走在世界前列。

最后,你可能想问:我们什么时候能传一个人?

对此可以做一个大致的估计。12 克碳原子是 1 摩尔，即阿伏伽德罗常数个原子，大约是 6.023×10^{23}。人的体重如果是 60 千克，就大约有 5 000 摩尔即 3×10^{27} 个原子。描述一个原子的状态，姑且算作 10 个自由度，那么要描述一个人，就需要 10^{28} 量级的自由度。

我们现在是什么水平呢？我们刚刚从 1 进步到了 2……所以，嗯，我们的征途是星辰大海！向着朝阳奔跑吧，少年！

图 6.13　地星量子隐形传态实验示意图

第7章 为了理解量子密码，先来学传统密码

7.1 量子密码是干什么的？

前面谈到的所有量子计算和量子通信的技术有一个共同的特点，就是虽然都有无限的想象空间，但都还没有投入使用，都还在实验室研究的阶段。（量子精密测量技术倒是有不少在实用的，如原子钟。）然而，有一种量子通信技术已经投入了实用，有了不少用户，它就是**量子密码**（quantum cryptography），也称为**量子保密通信**（quantum secure communication）。

实际上，媒体经常搞不清量子通信这个研究领域与量子密码这个具体技术之间的区别。当他们报道量子通信的时候，十有八九是在特指量子密码。本书的读者会明白，量子密码只是量子通信中的一部分，量子通信还包括第6章介绍的量子隐形传态与本书没有介绍的超密编码等。回顾一下1.5节中展示的量子信息的三个分支，就会明白这个大图景了（图7.1）。

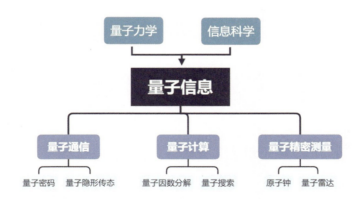

图7.1　量子信息的三个分支

152　量子科学出版工程(第二辑)
Quantum Science Publishing Project (Ⅱ)

量子信息简话：给所有人的新科技革命读本
A Brief Introduction to Quantum Information：for Everyone to Understand the New Scientific Revolution

由于中国率先在量子密码取得了突破，量子密码可以算是所有量子信息技术中公众知名度最高的一个。然而，它究竟做的是什么呢？对此大多数人就迷糊了。不少人把它当成超光速的瞬间移动，现在你可以明白这是错的，将它与量子隐形传态张冠李戴了，而且量子隐形传态也不超光速。还有不少人把它当成超光速的信息传输，有些科幻作品就是这么写的。其实这也是错的，量子保密通信并不超光速。（爱因斯坦的咆哮：为什么你们老想着超光速！）

然后，有人认为它是一种绝对安全的传输方法。很好，这个理解差不多是对的。但是立刻就会有人提出哲学性的反对意见：世界上不可能有绝对安全的东西，只要是人设计的就一定有破解的办法。这么听起来好像也有道理？然后，这些哲学家就会指责量子密码是骗局。

这是怎么回事呢？这其实是**对哲学的滥用**，因为双方都没有搞清楚量子密码的安全性究竟是什么意思。简短的回答是：量子密码的安全性是指**不可能被数学破解**，而传统密码都可能被数学破解。如果你不用数学手段，而是潜入密室偷资料，甚至绑架通信者严刑拷打，那当然什么秘密都可以拿到。但这不是公平的比较，这是抢劫，而不是正常意义的破解！

你可能会非常惊讶，**世界上怎么会有不可能被数学破解的密码**？其实是有的，学过密码学的人就会知道。而那些口头哲学家思维很粗浅，不了解这种具体的知识。现在大家可以明白，要理解量子密码究竟是干什么的，需要先对传统密码学有充分的了解。本章，我们来讲密码学的一些基础原理。

7.2　绝对不可破译的密码真的存在！但是……

从古至今，无数的军国大事、生死存亡、财产安全依赖于信息的安全传输。如果本应保密的信息落到了敌人手里，后果是灾难性的。例如《三国演义》第一回第一段就有：

> 及桓帝崩，灵帝即位，大将军窦武、太傅陈蕃，共相辅佐。时有宦官曹节等弄权，窦武、陈蕃谋诛之，**机事不密**，反为所害，中涓自此愈横。

又如近年来的棱镜门事件，美国情报机构甚至对德国总理默克尔等政要都进行了窃听。

因此,密码学早早地就开始发展,而且将会永远存在下去。用专业语言说,密码学的基本目的是为了解决这样的问题:如何在不安全的信道上,安全地传输信息?

基本思路就是,发信人把要传输的明文(plain text)通过某种数学变换变成密文(cipher text),然后发出去。正确的收信人收到密文后能通过相反的数学变换解出原文,而敌人即使拿到了密文也解不出原文,因此无法窃密。有时人们把收信人的操作和敌人的操作都称为解密,这会造成混乱。为了避免误解,下面我们把发信人、收信人和敌人的操作分别称为加密、解密和破解。密码体系的目的,是让通信双方能加密、解密,而让敌人无法破解。

把明文变换成密文,需要两个元素:变换的规则和变换的参数。前者是编码的**算法**(algorithm),例如在字母表上前进 x 步。后者是**密钥**(secret key),例如上述算法中的 x 这个数。如果取 $x=3$,明文的"FLY AT ONCE"(立即起飞)就会变成密文的"IOB DW RQFH"。注意其中 Y 前进三步时经过了 Z,就退回到字母表的开头重新出发,所以变成 B。这就是一种最简单的密码,即历史上的"恺撒密码"(Caesar cipher,图 7.2)。

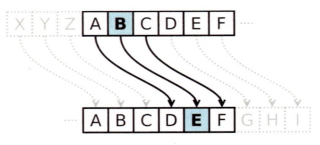

图 7.2 恺撒密码

密码体系是依靠什么保密的? 一般人常常以为是依靠算法。他们觉得,用一个别人想不到的稀奇古怪的算法就能保密。每当我提到军队的密码体系,就有人提议用讲某种方言的士兵作为通信兵,他们就是这种思路。

这种话用来开玩笑还行,但作为严肃的建议就完全错了。把希望寄托在算法上,是靠不住的。因为同一个算法很可能有许多人在用,这些人当中只要有一个泄露算法,整个体系就崩溃了。比如说你真的用方言来保密,那么只要有人跟敌军说一声,他们用的是某某方言,那立刻就无密可保了。有人以为自己的方言很偏僻,外国没人知道,那真是太低估情报部门的神通广大了,天真到了无知的程度。如果你是用机器来保密,例如第二次世界大战中德国用的"奇谜"(Enigma)密码机,那么敌人只要得到一台机器,就可以知道算法(图7.3)。

图7.3 "奇谜"(Enigma)密码机

那么,密码体系究竟是靠什么保密的? 是**密钥**。同一个算法可以有很多个密钥,使用同样算法的每一组人都可以用单独的密钥。如果有人泄露了一组密钥,用不着惊慌,只要更换一组密钥就行。即使你没有发现密钥泄露,也只是这一组人的情报失窃,不会拖累其他人。

因此,密码学的一个基本原则是:你必须假设敌人已经知道了算法和密文,唯一不知道的就是密钥。这叫作**柯克霍夫原则**(Kerckhoffs's principle),它是由19世纪的荷兰密码学家奥古斯特・柯克霍夫(Auguste Kerckhoffs,1835 — 1903)提出的。信息论创始人香农对此也有一句类似的格言:"敌人知道系统。"(The enemy knows the system.)

密码学的目标就是让敌人在这种情况下破译不了密文。当然,你可以对算法保密,这可能会增加敌人的困难。但无论如何,不能把希望寄托在这上面。

根据通信双方是否知道同样的密钥,密码体系分为两大类:**对称密码体制**(symmetric cryptosystem)和**非对称密码体制**(asymmetric cryptosystem)。下面我们来介绍这两种密码体系的基本思想和优缺点。

传统的密码体系都是对称密码体制,即通信双方都知道同一组密钥,Alice用它将明文转换成密文,Bob用它将密文转换回原文。在许多谍战片中,如《红灯记》《潜伏》《春天的十七个瞬间》,情报人员舍死忘生、殚精竭虑保护和争夺密码本,这个密码本就是密钥(图 7.4)。

图 7.4　连环画《红灯记》

常用的对称密码算法有 AES、RC4、TDES 等,这些算法在原理上都是可以破解的,只是破解所需的计算量很高。然而奇妙的是,有一种对称密码在原理上就是不可破解的,即使花再多的计算量都不行! 也就是说,即使敌人有无限的计算力量,都不能破解它。

这可能让大多数人大吃一惊:怎么会有这样的密码? 实际上,这样的密码不但存在,而且很容易理解。它叫作**一次性便笺**(one-time pad)。

20 世纪 40 年代,香农(图 7.5)证明了一个数学定理:**密钥如果满足三个条件,那么密文就是绝对无法破译的。** 这三个条件是:① **密钥是一串随机的字符串;** ② **密钥跟明文一样长,甚至更长;** ③ **每传送一次密文就更换密钥,即"一次一密"。** 满足这三个条件的密钥就叫作一次性便笺。

图 7.5　克劳德·香农

让我们举个例子,来看看为什么一次性便笺加密的密文无法破解。比如 Alice 想给 Bob 传一个单词"HELLO",她用的算法乍看起来还是最简单的恺撒算法,即在字母表上前进 x 位。但跟恺撒密码不同的是,现在她是给每一位字母都单独设置一个 x,而不是整个密文用同一个 x。

把 26 个英文字母从 A 到 Z 编号为 0 到 25,H、E、L、O 分别对应 7、4、11 和 14。也就是说,明文相当于

$$7 - 4 - 11 - 11 - 14$$

然后 Alice 随机地在 0～25 之间找 5 个数，比如她找到了

$$23 - 12 - 2 - 10 - 11$$

这一串数字就是密钥。注意两个 L 对应的是两个不同的密钥，也就是说，我们不是在把所有位置的同一个字母都变换成同一个字母（那就违反了第一个条件：密钥的随机性），而是根据位置不同，同一个字母可以变换成不同的字母。然后把明文跟密钥对应的位加起来，就得到了

$$30 - 16 - 13 - 21 - 25$$

其中 30 超过了 26，那就把它减去 26，得到 4，即它对应字母 E。后面四个数字分别对应 Q、N、Y、Z，因此原文的 HELLO 变成了密文的 EQNYZ。

Bob 拿到这个密文，做相反的操作，即每一位数减去相应的密钥，就得到了明文 HELLO。这些都是显而易见的，有趣的是，敌人会怎么办？

假设有个敌人叫 Eve（联想英文单词 evil，"邪恶的"，或者 eavesdropper，"窃听者"），她拿到了 EQNYZ 这个密文，她有什么可做的呢？ 她能做的最好的分析，就是把所有可能的密钥代进去试，即所有的 5 个数的组合。既然她有无限的算力，她立刻就会发现

$$23 - 12 - 2 - 10 - 11$$

这个组合对应明文的 HELLO。你也许会觉得，糟了，秘密被破解了！但是且慢，Eve 同样还会发现另一个组合

$$19 - 16 - 20 - 17 - 8$$

对应明文的 LATER。任何一个 5 个字母的单词都会被某个密钥产生出来，比如 NEVER、THREE、PLANT、ENEMY。Eve 有任何理由选择这其中的某一个吗？没有。所以她傻眼了，什么信息都得不到——除了密文的长度。

实际上，任何一个 5 个字母的乱码也会被某个密钥产生出来，如 RGFFV。Eve 的困境在于，有意义的结果太多，无从选择。但如果密钥的长度小于明文，那么在所有的结果中，就只有少数甚至只有一种组合对应有意义的文字，其他的都是乱码。例如前面举的恺撒密码的例子"IOB DW RQFH"，既然密钥只有一个数 x，

从 0 到 25 共 26 种可能, 挨个尝试一下就会发现只有 $x = 3$ 对应有意义的明文 "FLY AT ONCE", 那么显然就是它了。

现在, 大家明白为什么一次性便笺加密的密文无法破解了吧？这其实是一种 "大隐隐于市"。由于所有可能的明文都能以同样的概率对应同一个密文, 敌人完全无从判断。用中文来比喻, 就是敌人见到一段 8 个字的密文, 它既可能对应 "明天上午向东进攻", 也可能以同样的概率对应 "后天下午向西撤退", 还可能以同样的概率对应 "飞出地球移民宇宙", 甚至可能以同样的概率对应 "休生伤杜景死惊开"……

在数学上, 这种安全性是最强的安全性, 称为**无条件安全性**（unconditional security）、绝对安全性（absolute security）、完美安全性（prefect security）或信息论安全性（information theoretic security）。无条件安全的意思, 就是对敌人的能力不需要做任何假设, 哪怕你有无限的算力我都不在乎, 你绝不可能用数学破解我的密码。

跟它相对的, 其他密码体系的安全性都是**有条件的安全性**（conditional security）, 即必须假设敌人的算力不够强。简而言之, **有条件安全的意思就是你必须假设敌人是弱鸡, 但敌人可能比你想象的强大得多。而无条件安全的意思是不管敌人强到什么程度, 你都一招封死。**显然, 无条件安全性在本质上就比有条件安全性好得多。

选读内容：为什么一次性便笺需要三个条件

一次性便笺的条件十分苛刻, 但这是必需的。如果放宽三个条件中的任何一个, 都会导致敌人有可能破解密文。

如果放宽第一个条件, 即密钥的各位之间存在关联, 那么敌人就有可能做频率分析（frequency analysis）。在英文文本中, 最频繁出现的字母是 e, 其次是 t, 第三是 a。利用这样的知识, 就可以猜测密文中最频繁出现的字母或字母组合对应哪些原文。

有趣的是, 频率分析的发现者是 9 世纪的阿拉伯学者肯迪（al-Kindi, 约 801 — 约 873）。他的全名是 Abu Yusuf Ya′qub ibn Is-haq ibn as-Sabbah ibn′omran ibn Ismail al-Kindi, 这全名简直爆炸……有一个经典的 RPG 游戏《轩辕剑三：云和山的彼端》, 其中主角赛特要拜访一位阿拉伯学者肯迪大师, 到了肯迪的住所发现大师已经去世, 但他的孙子小肯迪也是博学多才之人, 于是赛特就跟小肯迪组队冒险了一段时间。发现频率分析的肯迪，应该就是这位小肯迪的后代。

如果放宽第二个条件，即密钥的长度不如明文，那么在所有可能的明文中，就只有少数不是乱码，会被一眼看出来。正文已经解释了这一点。

如果放宽第三个条件，即密钥重复使用，那么敌人就可以通过对照多组密文，寻找它们之间的关联。只有这三个条件同时满足，才能堵上所有的漏洞，一劳永逸地关闭敌人破解的可能。

一次性便笺既然这么好，看起来它已经解决了保密通信的问题。但其实并没有，因为真正的难题在于：**怎么把密钥从一方传给另一方**？

请注意，一次性便笺密钥至少要跟原文一样长。你怎么传输这么大量的密钥？如果你有一个安全的信道来传输密钥，那么你用这个信道直接传输原文不就行了，还要加密干什么？之所以要加密，不就是因为没有安全的信道吗？

如果你在不安全的信道上传输密钥，那么密钥被人窃取了怎么办？如果你派一个信使去传送密钥，如果这个信使被抓了（例如《红灯记》中的李玉和），或者叛变了（例如《红岩》中的甫志高），那么损失会有多么巨大？

其实这些密钥配送的问题适用于所有的对称密码体系，只是对一次性便笺密码更加严重，因为它要传的密钥最长。因此在实用当中，一次性便笺只用在极少数的场合，就是那些需要绝对安全的通信、为此不惜任何代价的地方。例如1962年古巴导弹危机之后，1963年，美国和苏联最高领导人之间建立了热线，它就是用一次性便笺来保护的。谁来传密钥呢？是双方在对方国家的大使馆。

总结一下，对称密码体制的优点是可以实现无条件安全，缺点是需要信使去送密钥。信使就是最大的安全漏洞。

7.3　传统密码的两难

20世纪70年代，密码学家们想出了另外一套巧妙的办法，解决了密钥配送问题。这套办法就是非对称密码体制，或者称为**公钥密码体制**（public key cryptography）。现在不需要信使了，李铁梅和余则成可以光荣下岗了。为什么可以做到

159

这样呢？5.1 节介绍 RSA 密码的时候已经简略地描述了一下，这里再详细解释一遍。

请注意，解密只是接收方 Bob 的事，发送方 Alice 并不需要解密，她只要能加密就行。那好，Bob 打造一把"锁"和相应的"钥匙"，把打开的锁公开寄给 Alice。Alice 把文件放到箱子里，用这把锁把箱子锁上，再公开把箱子寄给 Bob。Bob 用钥匙打开箱子，信息传输就完成了（图 7.6）。

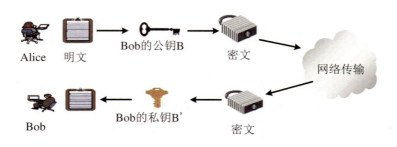

图 7.6　公钥密码体制

如果有敌对者截获了箱子，他没有钥匙打不开锁，仍然无法得到文件。这里的"锁"是公开的，任何人都能得到，所以叫作**公钥**（public key）。而"钥匙"只在 Bob 手里有，所以叫作**私钥**（private key）。

这种巧妙的思想实现的关键在于：**有了私钥可以很容易地得到公钥，而有了公钥却很难得到私钥。**也就是说，有些事情沿着一个方向操作很容易，逆向操作却非常困难，"易守难攻"。在数学上，我们可以把这种性质称为单向的困难性。因数分解就是一个典型例子，所以由它可以得到 RSA 密码。在 RSA 中，两个质数 p 和 q 的乘积 N 就是公钥，p 和 q 就是私钥。（RSA 实际的设置比这复杂一些，但基本原理正是如此。）

选读内容：RSA 如何加密、解密？

严格地说，RSA 密码中的公钥并不只是 N，而是 N 加上另一个数字 e。私钥也并不是 p 和 q，而是由 p、q 和 e 算出的另一个数字 d。下面，我们来详细介绍 RSA 的算法。

（1）Bob 选择两个质数 p 和 q，它们相乘得到

$$N = pq$$

后面还会用到 $p-1$ 和 $q-1$ 的乘积,让我们把它称为 φ:

$$\varphi = (p-1)(q-1)$$

比如,Bob 挑选了 $p=17,q=11$,那么可以算出:

$$N = 17 \times 11 = 187$$
$$\varphi = 16 \times 10 = 160$$

（2）Bob 在从 2 到 $\varphi-1$ 之间挑选一个数字 e,对它唯一的要求就是它跟 φ 互质。比如,挑选了 $e=7$,它确实跟 160 互质。

（3）Bob 公布 (N,e) 这两个数,这两个数就是 Bob 的公钥。这里的 e 可以和其他人的一样,但 N 应该是专属于 Bob 的,跟其他人的都不同。

（4）无论 Alice 想传给 Bob 的信息是什么（例如一句话、一张图片、一首音乐等）,都可以把它写成一串二进制字符串,然后再把这串字符串当作一个数字 m。现在,Alice 就用 (N,e) 来加密 m,加密的算法是:求 m 的 e 次方除以 N 的余数。也就是说,密文 c 满足

$$c = m^e (\text{mod } N)$$

比如,Alice 要传的 $m=88$,而在当前的例子中 $e=7,N=187$,于是算出:

$$c = 88^7 = 11(\text{mod } 187)$$

这里对 c 的计算有快速的方法,并不需要把 m^e 展开算出来,只需要把它分成几部分相乘,每一部分对 N 的余数都可以快速算出,再把这些余数相乘,最后对 N 求余数就行。例如:

$$88^1 = 88(\text{mod } 187)$$
$$88^2 = 7744 = 77(\text{mod } 187)$$
$$88^4 = 77^2 = 5929 = 132(\text{mod } 187)$$
$$88^7 = 88^{4+2+1} = 132 \times 77 \times 88 = 894432 = 11(\text{mod } 187)$$

大家可以看出,这相当于把 e 写成二进制（例如 7 写成二进制就是 111,即 $7=4+2+1$）,然后对每一位求出它相应的 m 的乘方对 N 的余数,然后把所有这些余数乘

起来再对 N 求余数。

(5) Bob 为了解密,预先计算一个私钥 d,它的定义是: e 乘以 d 除以 φ 余 1。也就是说,

$$ed = 1(\mathrm{mod}\ \varphi)$$

在当前的例子中, $e = 7$, $\varphi = 160$,所以 d 满足的条件是

$$7d = 1(\mathrm{mod}\ 160)$$

也就是说,

$$7d - 160k = 1$$

其中 k 是某个整数。存在快速的算法找到这样的 d 和 k,这个算法叫作"扩展欧几里得算法",是求最大公约数的辗转相除法的一种扩展。在这个例子中,可以迅速找到

$$d = 23$$

来验算一下,

$$7 \times 23 = 161 = 1 \times 160 + 1$$

(6) Bob 收到 Alice 的密文 c 之后,用私钥 d 就可以快速地解密,算法是:求 c 的 d 次方除以 N 的余数。也就是说,明文 m 满足:

$$m = c^d(\mathrm{mod}\ N)$$

在当前的例子中, $c = 11$, $d = 23$, $N = 187$,于是算出:

$$m = 11^{23} = 88(\mathrm{mod}\ 187)$$

它确实恢复了 Alice 的明文 $m = 88$。

这里的有趣之处在于,为什么这样算出的 m 就是明文?即在已知

$$c = m^e(\mathrm{mod}\ N)$$

和

$$ed = 1(\mod \varphi)$$

的前提下，为什么一定有

$$m = c^d (\mod N)?$$

对此的证明需要用到一些数论的知识（如数论的"欧拉定理"——在几乎每个领域里都有欧拉定理！），读者可以自行搜索。

（7）敌人 Eve 看到了密文 c 和公钥(N,e)，在当前的例子中就是 $c=11, N=187, e=7$。但她要花很长的时间才能分解 N 算出 p 和 q，从而算出 φ 和 d。因此只要 Bob 把自己的私钥藏好，Eve 就无法快速破解密文。RSA 的安全性就基于此。

不过如 5.1 节所述，是否一定要通过因数分解才能破解 RSA，目前并没有得到证明。有可能存在某种算法，绕开因数分解直接从密文获得原文。因此，**RSA 的安全性实际上是建立在两个假设之上：① 敌人一定要做因数分解；② 因数分解是困难的。**

然而，公钥密码体制的安全性在本质上就比一次性便笺低得多。首先，敌人如果有无限的计算能力，那么是肯定可以破解公钥密码的。然后我们退而求其次，公钥密码的安全性其实指的是破解所需的计算量随问题规模指数增长，所以敌人在合理的时间内破解不出来。

但即使是这个也不能保证，因为这依赖于敌人没有高效的算法。如 5.1 节所述，对于因数分解已经发现了高效的量子算法。对于其他的公钥问题，敌人有没有高效的算法呢？其实我们不知道。

我们知道的是，迄今为止还没有一个数学问题被证明是单向困难的。实际上，**就连单向困难的数学问题是否存在，我们都还不知道！** 对此感兴趣的读者，可以参见 4.3 节的选读内容"P 对 NP 问题"。

在密码学的历史上，有很多曾经被认为很可靠的密码体系被破解了。二战期间盟国破解德国密码体系"奇谜"（Enigma）的故事，是一个著名的传奇。波兰数学家马里安·瑞杰斯基（Marian Adam Rejewski，1905—1980，图 7.7）和英国数学家阿兰·图灵等人，对此做出了重要的贡献。图灵的名气很大，而瑞杰斯基很少有人知道，这其实是不公平的。在英国人之前，瑞杰斯基等人就破解了早期的"奇谜"系统。在 1939 年 9 月 1 日德国入侵波兰之前，他们把研究成果告诉了英国和法国，为图灵等人的工作提供了基础。我们应该知晓和感谢他们的贡献。

再来看一个近年的例子。中国密码学家王小云院士（图 7.8），在 2004 年和 2005 年破解了广泛应用于计算机安全系统的 MD5 和 SHA-1 两大算法，引起了国际轰动。

图 7.7　马里安·瑞杰斯基　　　　图 7.8　王小云

选读内容：消息摘要算法

专业人士可能会指出，王小云的这两个成果跟瑞杰斯基和图灵的成果不属于同一性质。因为 MD5 和 SHA-1 是用来生成消息摘要（即所谓哈希值，hash value）的，而不是用来加密、解密的。也就是说，这两个算法不是可逆的，它们是从一个长的字符串产生一串哈希值，用来作为标签，判断数据有没有被篡改。因此，破解 MD5 和 SHA-1 并不意味着可以窃密。

实际上，王小云的成果是找到了快速的算法产生"碰撞"（collision），即两个字符串产生相同的哈希值。不过无论如何，这两个例子同样可以用来说明，基于数学问题的密码总有被破解的可能。

以上还都是公开的信息。而密码学还有一个特点，就是**这门研究保密的科学本身就是被保密的科学**。这句话出自英国著名科普作家西蒙·辛格（Simon Singh）的著作《码书：编码与解码的战争》①。我看到这句话的时候，不由得大笑。这话用中国的成语来说就是"兵不厌诈"！

《码书》里列举了好几个例子。例如二战期间，英国通过解译"奇谜"能知道众多德国潜艇的位置，但如果将它们尽数歼灭，德国就会察觉自己的通讯已被破解。②因此，盟军会刻意让几艘德国潜艇逃走，并且在攻击其他几艘前，先派出一架侦察机在附近绕一下，让驱逐舰有正常理由在几个小时后出现。有时盟军会送出发现德国潜艇的假情报，为后续的攻击提供充分证据。因此，德国直到失败都不知道自己的密码已被破译，日本也是如此。

又如二战结束后，英国把缴获的几千台"奇谜"机送给了自己以前的殖民地。这些国家就像德国一样，仍然以为"奇谜"十分安全，于是英国在很长时间内轻松获取了他们的秘密通信！③

此书中最出人意料的故事，是 RSA 密码最初的发明者其实并不是 RSA。④5.1 节说过，RSA 这三个人是李维斯特、沙米尔和阿德曼。其中，李维斯特和阿德曼是美国人，沙米尔是以色列人。然而在他们之前，三位英国学者詹姆斯·艾利斯（James Henry Ellis，1924 — 1997）、克里福德·考克斯（Clifford Christopher Cocks）和马尔科姆·威廉森（Malcolm John Williamson）就已经发明了同样的密码体系。也就是说，**RSA 本来应该叫作 ECW**！

为什么 ECW 没有公开他们的发现呢？因为他们在英国的**情报部门**政府通讯总部（Government Communications Headquarters，GCHQ）工作，他们的成果都必须保密。直到 1997 年 12 月 18 日，ECW 的成果才公诸于世。而在此之前一个月，艾利斯已经在 11 月 25 日去世，没来得及收获他应得的赞誉。

艾利斯在 1987 年写了一份机密文件，记录了他对公钥密码体系的贡献。其中有这样的思考：

---

① 参见《码书：编码与解码的战争》的作者序，第 9 页。
② 参见《码书：编码与解码的战争》第 206～207 页。
③ 参见《码书：编码与解码的战争》第 210 页。
④ 参见《码书：编码与解码的战争》第 313～327 页。

密码学是一门最不寻常的科学。大多数的专业科学家都争相发表他们的研究成果，因为透过传播宣扬，这些成果才有实际价值。相反地，密码学界尽量让潜在对手对它几乎一无所知，研究成果才能得到它最高的应用价值。

这个故事令我们十分敬佩 ECW，同时也会令我们倒吸一口凉气。我们现在拿出任何一个基于数学的密码，能保证不被敌人破解吗？回答是不能，因为谁都不知道敌人真正的能力。他们如果破解了你的密码，也不会告诉你。**你可以说"我破解不了这个密码"，也可以说"现在没有公开算法能够破解这个密码"，但你不能说"敌人肯定不能破解这个密码"**，更不能说"将来也不会有人破解这个密码"。后面那些都是无法保证的。

因此，我们应该有个基本概念：所有基于数学问题的密码的安全性，都是不能保证的！不能保证的！不能保证的！

总结一下：对称密码体制可以保证不被数学破解，即具有无条件安全性，但传密钥的信使是大漏洞；而非对称密码体制不需要信使，但可以被数学破解，甚至可能已经被破解了，你还不知道。这就是传统密码学的两难处境。

看起来，能想的办法都已经想过了，我们只能接受这个现实。但惊人的是，**居然会有一种新的思路出现**，解决了这个两难问题。这就是量子密码。

第8章　正在实用的量子信息技术：量子密码

8.1　量子密码如何实现奇迹

只有了解了传统密码的两难处境，才能明白量子密码解决了什么问题。它解决的其实是**密钥分发**的问题。量子密码做的事情是：**不通过信使，就让双方直接共享密钥**。这样就吸收了对称和非对称两种密码体制的优点，克服了它们的缺点，实现了一种真正无懈可击的保密通信……

且慢且慢，不通过信使怎么共享密钥？这难道不是异想天开吗？

这就是量子密码的核心技术所在了，这是只有量子力学才能实现的奇迹。关键在于，这里的密钥并不是预先就有的，一方拿着想交给另一方。（地下党组织：李玉和同志，这是密电码，这个光荣而艰巨的任务就交给你了。）在初始状态中，密钥并不存在！（地下党组织：李玉和同志，我们没有任何东西要交给你，解散！）

量子密钥是在双方建立通信之后，通过双方的一系列操作产生出来的。利用量子力学的特性，可以使双方同时在各自手里产生一串随机数，而且不用看对方的数据，就能确定对方的随机数序列和自己的随机数序列是完全相同的。这串随机数序列就被用作密钥。**量子密钥的产生过程同时也是分发过程**——这就是量子密码不需要信使的原因。

关于量子密钥的特点，还可以再解释得详细一点。量子密钥是一串随机的字符串，长度可以任意长，而且我们可以在每次需要传输信息时都重新产生一段密钥，即一次一密。这样产生的密钥就是一次性便笺，因此这样加密后的密文是绝对不可破译的，具有无条件安全性。

当然，量子密钥也可以不作为一次性便笺，而是配合 AES 等对称密码算法使用,用少量的密钥加密大量的明文。这样可以提高传输效率,但安全性就降低了。所以大部分时候,量子密钥是作为一次性便笺使用的。以下我们谈的都是这种默认情况。

双方都有了密钥之后,剩下的事情就跟传统的通信完全相同了:Alice 把明文用密钥编码成密文,然后用任意的通信方式发给 Bob。"任意的"通信方式的意思就是"怎么都行":可以用电话,可以用电报,可以用电子邮件,甚至用普通信件都行。香农定理保证了这一步不怕任何敌人,因为敌人截获了也破译不了。

因此,量子保密通信的全过程包括两步:**第一步是密钥的产生,这一步用到量子力学的特性,需要特别的方案和设备;第二步是密文的传输,这一步就是经典的通信,可以利用任何现成的通信方式和设施。**量子保密通信所有的奇妙之处都在第一步上,所以它又被叫作**量子密钥分发**(quantum key distribution,QKD,图 8.1),这是业内人士常用的技术性名称。如果你跟专家讨论量子信息的时候,一开口就说 QKD 如何如何,专家一听就知道你是内行了。

图 8.1　量子密钥分发

这个说明可以回应两种常见的误解。一个常见的误解,是以为最后的信息传送要通过某种量子信道。当他们知道传统信道就行的时候,就感到大惑不解,甚至以为搞量子通信的都是骗子。另一个常见的误解,是以为量子密钥也要通过传统信道传输。这是绝对不可能的。如果你要把密钥通过不安全的信道发出去,那就完全失去了保密的意义。任何密码系统都不会愚蠢到这种程度。

总结一下,量子密码真实的做法是:**用量子信道产生密钥,用经典信道传送密文。**

你也许想问：既然量子信道可以保证不泄密，为什么不直接用量子信道传输信息，而只是传输密钥呢？

这是一个好问题！回答是：这套量子力学的操作只能产生随机字符串，随机字符串的信息量是零，所以这套操作本身不能传输信息。因此，这套办法的提出者在很长时间内想不出它有什么用，直到发现这段随机字符串可以用作密钥，才将它发扬光大。

现在，你可以理解量子密码的用处了。原来专属于美俄总统通话这种级别的安全性，现在可以在大得多的范围内实现了，大家感到开心吗？

总结一下，量子密码的安全性表现在：**跟对称密码体制相比，它不需要信使；跟非对称密码体制相比，它不会被数学破解**。目前，它是唯一已知的能够实现这些优点的密码体系。

我们还经常用这样的语言来表述量子密码的安全性：**只要量子力学的原理不被推翻，量子密码就是安全的**。这话在有些人听来好像很不安全，他们会说，量子力学肯定也是可以推翻的。这话在哲学上似乎可以成立，但实际上没有意义。除非你现在指出如何推翻量子力学，否则这话就跟"二十年后又是一条好汉"一样，属于万能而无用的语言。说这话的人肯定是对量子力学没有了解，所以以为"把安全性建立在量子力学原理的基础上"是一件很危险的事情。而本书的读者知道了量子力学的这么多成就和应用，自然就会明白这其实是一个非常有信心的表述。

下一个问题非常有意思，也经常被人提出来：前面不是说了量子计算机能够破解所有的密码吗？量子计算机好比最强的矛，量子密码好比最强的盾。**以子之矛攻子之盾，谁胜**（图 8.2）？

盾　　　　　　　　　　矛

防守　——————　进攻

图 8.2　以子之矛攻子之盾

对此的回答非常明确：**盾胜**！因为量子计算机并不是能够破解所有的密码，而是有希望破解所有**基于数学问题**的密码。量子密码并不是基于数学问题的，根本就没有一个数学问题等着你去破解，所以即使是量子计算机对它也无计可施。

还有一个一般人不知道的问题，是**长期安全性**（long-term security）。敌人并不是一定要立刻就把密文解开，而是可以把它保存起来，等待技术进步以后破解。比如等到能执行大规模因数分解的量子计算机造出来，然后破解早就存下来的用 RSA 加密的密文。

你也许会觉得，很多年后即使被破解又有什么关系？其实不然，有些资料要保密几十年甚至更长的时间，例如我们的 DNA 数据、健康状况。一个有趣的例子是，加拿大的人口普查数据要求保密 92 年。我们能预测 92 年后的技术吗？回想一下 2021 年的 92 年以前，即 1929 年，那时连电子管计算机都还没出现呢！如果要在 1929 年预测 2021 年的技术，你觉得能准确到哪里去？这样一比较，你就会发现量子密码的无条件安全性真是比公钥密码体制的有条件安全性好太多了，因为**你不需要担心以后的技术进步**。

7.3 节提到的密码学史著作《码书》，英文标题是 *The Code Book：the Science of Secrecy from Ancient Egypt to Quantum Cryptography*。此书的最后几段说[①]：

量子密码将为编码者和译码者的战争画上终止符，胜利荣耀归于编码者。量子密码是一套破解不了的加密系统。这则声明听起来或许很夸张，尤其是考虑到以前类似的声明……

然而，宣称量子密码非常安全的声明，跟以前所有类似声明有本质上的差异。量子密码不仅是在效用上无法破解，而且是绝对无法破解……

如果量子密码系统能够跨越远距离运作，密码的演化会就此停止，保密法的追求将就此结束。这项科技将保证政府、军事、企业界和大众的通讯安全。唯一的问题是，政府会不会允许我们使用这项科技？政府将如何管制量子密码，使信息时代繁盛，但又不会成为歹徒的遁逃工具？

最后那个问题耐人寻味。几年以前，我有一次给**某个系统**的工作人员讲量子信息原理与技术。当我讲到量子密码绝对不可破译的时候，我本来以为这是一个好消息，没想到他们纷纷来问我一个问题：如果我们想监控某些情报，而对方用了

---

① 参见《码书：编码与解码的战争》第 392～393 页，英文副标题直译为"关于保密的科学，从古埃及到量子密码"。

量子密码,我们该怎么办? 当时我感到非常意外,居然还有这样的问题?! 现在,你明白政府的思维了吧?

选读内容:量子密钥分发之外的量子密码技术

实际上,正如量子密码是量子通信的一个真子集,量子密钥分发也是量子密码的一个真子集。只是量子密钥分发是量子密码中最主要、最成熟的技术,所以绝大多数时候我们提到量子密码时,指的就是它。对于量子密码中其他的一些内容,可以简略介绍如下。

量子比特承诺(quantum bit commitment)。Alice 先承诺她有一个比特,取值为 b。一段时间以后,她向 Bob 揭晓这个取值 b。要求满足两个条件:Bob 在 Alice 揭晓之前不知道 b 等于多少,而 Alice 在做出承诺后不改变 b。这叫作比特承诺。已经找到了用量子方法实现比特承诺的方案,并做了实验。

量子数字签名(quantum digital signature)。数字签名是发信人让收信人确信信息没有被伪造或篡改的手段。传统上这是公钥密码体制的拿手好戏,即 Alice 对自己签署的文件计算其哈希值,用自己的私钥对这个哈希值加密作为签名,然后公布。任何人看到这个文件,都可以用 Alice 的公钥对这个签名解密(公钥密码体制非常有趣的一点是:用公钥加密的数据只有用私钥才能解密,用私钥加密的数据只有用公钥才能解密),以及计算文件的哈希值,然后发现这两个哈希值相等,可见文件确实是 Alice 发的。不过这个方法依赖于计算量,即不是信息论安全的,后来有人提出了信息论安全的量子数字签名协议。这样的实验已经实现了,不过对实验条件要求很高,离实用还有不小的距离。这个领域吸引了大量的理论与实验的关注。

量子茫然传输(quantum oblivious transfer)。茫然传输也译为不经意传输,是个很奇妙的需求:发信人发两个信息,收信人可以选择知道这两个信息中的某一个,但他不想让发信人知道是哪一个,同时发信人也不想让收信人知道自己发的另外一个信息。为什么会有这样的需求? 用于双方互不信任但不得不协作的场合。已经证明,不可能有信息论安全的量子茫然传输方法。但只要量子存储体系有噪声,就可以构造出这样的方法。

分布式量子计算(distributed quantum computing)。这个目标的内容和重要性都是不言而喻的。如果一个普通用户接入了一个量子计算的服务器,但他不信任服务器的安全性,他就会希望这个服务器无法获得自己的计算任务的任何信息,除了它的规模。这种方法也已经提出来了,叫作通用盲量子计算(universal blind quantum computing),并且做了实验演示。

关于量子密码意义的介绍,暂且到这里。下面来讨论真正的硬核技术问题:量子密码究竟是如何实现的?

8.2　BB84 协议

有好奇心的人肯定会问:量子密码究竟是如何实现的? 对此就要请大家想想:什么样的操作能在通信双方产生一段相同的随机数序列呢?

如果你聪明且细心,就会想起 3.5 节"量子纠缠的历史与未来"中关于 EPR 实验的一句话:"Alice 测量粒子 1 得到的是一个随机数,Bob 测量粒子 2 得到的也是一个随机数,只不过这两个随机数必然相等而已。"

妙啊! 那一段是解释为什么 EPR 实验不能传输信息,但有了量子密码的背景知识,你就会领悟到,把这个过程重复多次,双方得到的相同的随机数序列就可以用作密钥。然后你就可以用这个密钥加密明文,传输信息。这和"量子纠缠不传输信息"并不矛盾,因为传输信息时用的是普通的通信方式,不是量子纠缠。

很好,利用量子纠缠,我们立刻就找到了一种量子密码的方案。这至少说明量子密码是可以实现的,证明了它的存在性。

但是,不少科普作品说量子密码离不开量子纠缠,这就大错特错了! 这种说法造成了很多困扰。实际上,**量子密码有若干种实现方案,有些用到量子纠缠,有些不用量子纠缠**。量子纠缠是个可选项,而不是必要条件。

不仅如此,3.5 节还说过:在实验上,如果需要用到纠缠,那么纠缠就是实验的难点。所以,**绝大多数量子密码的实验都是用单粒子方案做的**。

当然,这不是说量子纠缠没用。对整个量子信息学科来说,量子纠缠非常有用,例如量子隐形传态和量子计算就以量子纠缠为基础,但那是量子密码之外的应用了。正是因为量子密码可以不用量子纠缠,所以它的技术难度在量子通信与量子计算各种应用中是最低的(只是相对而言,绝对的难度还是很高),所以它发展得最快,最先接近了产业化。这就是3.5节说的:"你可以不跟纠缠纠缠。"

不用量子纠缠,怎么在双方产生相同的随机数序列呢?想想第3章介绍的量子力学的"三大奥义",真正产生随机数的是对叠加态的测量。所以只要充分利用叠加和测量这两个手段,单个粒子就可以在双方产生相同的随机数。在三大奥义中,量子密码只需要前两个(叠加、测量)就够了,不需要第三个(纠缠)。

科学家们把量子密码的方案都称为某某协议,就像计算机科学中的TCP/IP协议。在所有的协议中,最重要的就是最早的一个——BB84协议(BB84 protocol)。之所以叫这个名字,是因为它是美国科学家查尔斯·贝内特(Charles Henry Bennett,图8.3)和加拿大科学家吉勒斯·布拉萨德(Gilles Brassard,图8.4)在1984年提出的,BB84是两人姓氏的首字母以及年份的缩写。这俩人是老搭档,6.1节中提到的1993年提出量子隐形传态的理论文章的前两位作者就是他们俩。

图8.3 查尔斯·贝内特

在量子密码的研究和实践中,BB84协议目前仍然是用得最多的,或者说目前用得最多的各种方案都是在它基础上的改进。所以理解了BB84协议,就称得上对量子密码有了相当深入的了解。

图8.4 吉勒斯·布拉萨德

不过对大多数人来说,要完全理解BB84协议的过程恐怕比较困难。因为它分好几步,而每一步都需要深入的思考,不是一目十行过去就能明白的。经常有人希望我用某种简单的语言解释清楚量子密码,可惜不行。我能够做的是以简单的语言解释量子密码的效果——就是上面这些内容。但要解释它怎么做到,就很难有简单的语言可以描述了。这就好比人人都知道手机是干什么的,但要理解手机的工作原理就困难得多。科普的困难常常在于此,这令我想起图8.5中的笑话,从数兔子直接跳到微积分。

图 8.5　从数兔子跳到微积分

我想,读者如果能够知道 BB84 协议这个术语,而且理解它不是一个脑筋急转弯的灵光一闪,而是复杂的硬功夫,就已经非常好了,知识水平至少超过了 99.9% 的人。下面,我们来把 BB84 协议的操作过程以及由它引出的一些思维方式的问题,作为两个选读内容。

选读内容:BB84 协议的操作过程

在 BB84 协议中,用到光子的**四个状态**: $|0\rangle$、$|1\rangle$、$|+\rangle$ 和 $|-\rangle$。四位老朋友,又见面了! 在实验上,这四个状态是用光子的偏振来表示的,分别对应光子的偏振处于 $0°$、$90°$、$45°$ 和 $-45°$。这简直令人想起电影《唐伯虎点秋香》中的"江南四大才子"(图 8.6)!

图 8.6 "江南四大才子"

让我们回忆一下,$|0\rangle$ 和 $|1\rangle$ 这两个态构成一个基组,$|+\rangle$ 和 $|-\rangle$ 这两个态构成另一个基组。在某个基组下测量这个基组中的状态,比如在 $|0\rangle$ 和 $|1\rangle$ 的基组中测量 $|0\rangle$,那么结果不变,测完以后还是 $|0\rangle$ 这个态。在某个基组下测量这个基组之外的状态,比如在 $|0\rangle$ 和 $|1\rangle$ 的基组中测量 $|+\rangle$,那么结果必然改变,以一半的概率变成 $|0\rangle$,一半的概率变成 $|1\rangle$。

好,现在我们来叙述 BB84 协议的具体流程。

Alice 先产生一个随机数 0 或者 1(让我们把它记作 a),根据这个随机数决定选择哪个基组:得到 0 就用 $|0\rangle$ 和 $|1\rangle$ 的基组,得到 1 就用 $|+\rangle$ 和 $|-\rangle$ 的基组。

选定基组之后,Alice 再产生一个随机数(记作 a'),根据第二个随机数决定在基组中选择哪个状态:得到 0 就选择 $|0\rangle$ 或 $|+\rangle$,得到 1 就选择 $|1\rangle$ 或 $|-\rangle$。

经过这样**双重的随机选择**之后,Alice 把选定状态的光子发送出去。

Bob 收到光子的时候,并不知道它属于哪个基组。他怎么办呢? 他可以猜测。他也产生一个随机数(记作 b),得到 0 的时候就在 $|0\rangle$ 和 $|1\rangle$ 的基组中测量,得到 1 的时候就在 $|+\rangle$ 和 $|-\rangle$ 的基组中测量。

然后 Bob 把自己的测量结果记下来。如果测得 $|0\rangle$ 或 $|+\rangle$,就记下一个 0,如果

测得|1⟩或|−⟩,就记下一个 1,我们把这个数记为 b'。

看明白关键所在了吗？ 如果 Bob 猜对了基组,即

$$a = b$$

那么光子的状态就是 Bob 的基组中的一个,所以测量以后不会变,a' 必然等于 b'!

如果 Bob 猜错了基组,

$$a \neq b$$

那么光子的状态就不是 Bob 的基组中的一个,所以测量后会突变,a' 和 b' 就不一定相等了(有一半的概率不同)(图 8.7)。

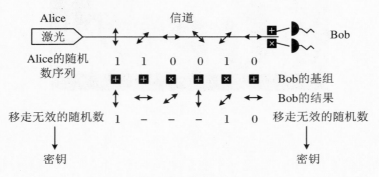

图 8.7　BB84 协议

把这样的操作重复若干次,双方发送和测量若干个光子。结束后,双方公布自己的 a 和 b 随机数序列即基组序列("公布"的意思就是对全世界公开)。然后**找出其中相同的部分,即基组猜对的部分**,例如在上图中就是第 1、5、6 位。

现在我们知道了,在第 1、5、6 位,a' 和 b' 必然是相同的! Alice 和 Bob 把各自手里这些位的 a' 和 b' 记下来,就得到了一个**相同的随机数序列**。至于 a、b 两个序列中不同的部分,即基组猜错的部分,在图中就是第 2、3、4 位,它们对应的 a' 和 b' 有可能不同。所以我们就不去看它们了,这部分数据直接抛弃。在发送和接收 n 个光子之后,由于 Bob 猜对基组的概率是一半,就会产生一个长度约为 $n/2$ 位的随机数序列。

到这里为止,已经是非常巧妙了。不过,这个方法要投入使用,还需要解决一个问题:如果有敌人在窃听,怎么办?

让我们把这个窃听者称为 Eve。**料敌从宽**，我们还假设 Eve 非常神通广大，Alice 发给 Bob 的每一个光子都先落到了她手里。BB84 协议有一个办法，使得即使在这种最不利的情况下，Eve 也偷不走情报（图 8.8）。

图 8.8　量子密钥分发对抗窃听

什么办法呢？站在 Eve 的角度上想一想。如果 Eve 只是把这个光子拿走，那么她只是阻断了 A、B 之间的通信，仍然拿不到任何信息。Eve 希望的是，自己知道这个光子的状态，然后把这个光子放过去，让 Bob 去接收。这样 Alice 和 Bob 看不出任何异样，不知道 Eve 在窃听。而在 Alice 和 Bob 公布 a 和 b 即基组的序列后，Eve 看自己手上的光子状态序列，也就知道了他们的密钥。

但是 Eve 的困难在于，她要知道当前这个光子处在什么状态，就要做测量。可是她不知道该用哪个基组，那么她只能猜测。这就有一半的概率猜错，猜错就会改变光子的状态。

例如 Alice 发出的状态是 $|+\rangle$（这对应于 $a=1, a'=0$），Eve 错误地用 $|0\rangle$ 和 $|1\rangle$ 的基组来测量 $|+\rangle$，就会以一半的概率把它变成 $|0\rangle$，一半的概率把它变成 $|1\rangle$。然后 Bob 再去测量这个光子。如果 Bob 用的基组是 $|0\rangle$ 和 $|1\rangle$（$b=0$），公布后会发现这里

$$a \neq b$$

这个数据就被抛弃。如果 Bob 用的基组是 $|+\rangle$ 和 $|-\rangle$（$b=1$），也就是说，这个基组原本是对的，但由于 Eve 的捣蛋变得不对了，这时有趣的事情就发生了。公布后 Alice 和 Bob 会发现这里

$$a = b$$

这个数据要保留。这时 b' 等于什么呢？无论是 $|0\rangle$ 还是 $|1\rangle$，在 $|+\rangle$ 和 $|-\rangle$ 的基组下测量时都以一半的概率变成 $|+\rangle$（$b'=0$），一半的概率变成 $|-\rangle$（$b'=1$）。因此，a' 和 b' 会有一半的概率出现不同。

稍微想一下，你就会发现这是普遍的结果：只要 Eve 猜错了基组，a' 和 b' 就会有一半的概率不同。Eve 猜错基组的概率是一半，猜错后 a' 和 b' 出现不同的概率又是一半，所以两者相乘，在 Eve 做了测量的情况下 a' 和 b' 不同的概率是

$$\frac{1}{2} \times \frac{1}{2} = \frac{1}{4}$$

这就是**窃听行为的蛛丝马迹**。

那么，通信双方的应对策略就呼之欲出了。为了知道有没有被窃听，Alice 和 Bob 在得到 a' 和 b' 序列后，再挑选一段公布。这是 BB84 协议中的**第二次公布**。你看，有时为了保密，我们必须要公布，而且公布会成为一个威力巨大的保密武器。假如在公布的序列中出现了不同，那么他们就知道有人在窃听。

这样做的效率怎么样呢？公布一个字符，Eve 蒙混过关的概率是 3/4。公布两个字符，Eve 蒙混过关的概率就是 3/4 的平方。如果公布 m 个字符，Eve 蒙混过关的概率就是 3/4 的 m 次方。这个概率随着 m 的增加迅速接近于 0，例如当 $m = 100$ 时，只剩下 3.2×10^{-13}。因此，**如果公布了很长一段都完全相同，那么就可以以接近 100% 的置信度确认没有窃听**，通信双方就把 a' 和 b' 序列中剩下的部分作为密钥。

下一个问题是：如果发现有窃听，那么该怎么办？基本的回答是：在发现窃听时就停止通信，就像谍战片里情报员被发现时第一件事情就是把密码本销毁。这样就不会生成密钥，也不会发送密文，自然也就不会泄密。因此，**即使在最不利的情况下，量子密码也可以保证不泄密**。

选读内容：不停地窃听，就会让量子密码没用？

知道了量子密码的工作方式后，有人会说：那我不停地窃听，就会让你无法通信，所以量子密码没有用处。这个说法乍一听很有道理，而且有一种脑筋急转弯的愉快，所以很多人认为它是量子密码的死穴。真的是这样吗？

对此基本的回答是：如果你真的害怕用了量子密码传输被阻断，那么请问你怕不怕不用量子密码被窃密？

我们需要仔细思考一下，信息传不出去，和信息被敌人窃取，哪个危害更大？

显然是后者。传不出去你可以换一条线路传,或者换个时间传,但信息泄漏你就再也无法追回,这是完全不可同日而语的。

是的,最平淡无奇也最有可操作性的办法,就是遇到窃听时换条线路或者换个时间重新传。本来搭建通信线路的时候,就应该多建几条,这是常识。

有人也许会说:我在你所有的信道上不停地窃听,你不就没法传了吗?

回答是:当然是这样。不过如果你铁了心就是要阻断而不是要窃密,那任何通信方式你都可以阻断。比如说,拿一把剪刀把光纤剪断就可以阻止光纤通信,但你觉得这就证明了光纤通信没用吗?

实际上,按照同样的逻辑,可以论证"电脑不如算盘",也可以论证"网络通信不如用人用信",因为电脑和网络运行要用电,我一直断你的电你就没法用了。你觉得这是机智呢,还是抬杠?

我们还可以深入分析一下,这些人在思维层面犯了什么错误。他们的思维方式是:见到一个新技术就老想着它不如旧技术的地方,好像一定要它在所有方面都比原有的技术强才能接受。其实这是"丢西瓜捡芝麻"。正常的思维应该是:它在主要目标方面有了进步,我们就愿意在其他方面付出一定的代价,来保证它实现主要目标。

就像航空母舰,它是一个好东西吧?可如果要挑毛病,也能挑出一大堆。如航载机的作战半径和载弹量都不如陆基战斗机,无法跟陆军空军匹敌。又如舰载机每次起飞都是往海里跳(图8.9),太危险。甚至即使什么技术毛病都挑不出来,也能抱怨一个毛病:贵!

图 8.9　辽宁舰航母舰载机起飞

对于抱怨这些的人,我们有两种选择。一种选择是提醒他,航母的目标不是跟强大的陆基空军对抗,而是在海上提供飞行平台,打击那些适合航母打击的敌人。

另一种选择是放弃治疗,直接附和他:你说得对!

把新事物的困难想象成无穷大,对旧事物的缺点视而不见,是许多人的思维误区。按照这样的思维模式,就不可能有进步了。正如鲁迅在《华盖集·流产与断种》中的名言:"我独不解中国人何以于旧状况那么心平气和,于较新的机运就这么疾首蹙额;于已成之局那么委曲求全,于初兴之事就这么求全责备?"(图8.10)

我确实说过这句话。—鲁迅。

图8.10 "我确实说过这句话"

最后,量子密码对窃听者除了换一条信道之外,也许还可以主动出击。量子密码跟一些光学技术联用,原则上可以确定窃听者的位置,所以可以通知警察、军队把窃听者抓起来。这是量子密码特有的一个优势,传统密码首先就发现不了窃听,更不用说定位了。不过这是安全部门的任务,不属于密码体系的范围。

8.3　量子密码在现实世界的安全性

以上我们介绍了量子密码的基本原理。在理论层面,它已经完全确立了。然后到应用层面,又会出现很多新的问题。

最基础的问题是:量子密码理论上的安全性在现实世界中能不能保持?也就是说,现实的仪器设备总会有许多不完美的地方,这会不会导致窃听者偷到信息?再说得简单点,就是量子密码会不会被破解?

事实上,近年来确实有一些所谓量子密码被破解的新闻,还曾经造成舆论风

180　量子科学出版工程(第二辑)
Quantum Science Publishing Project (Ⅱ)

量子信息简话:给所有人的新科技革命读本
A Brief Introduction to Quantum Information：for Everyone to Understand the New Scientific Revolution

波,让不少人以为量子密码是骗局。我也写过文章解读这种新闻——都是媒体的误解。

首先,这些所谓量子密码被破解的新闻,其实都不是正式运行的量子密码设备被破解,而是研究者在自己的实验室里搭建一个量子密码的原型装置,然后用自己的入侵方法破解自己的原型。这种研究的作用是给量子密码的攻防提供新的思路,本来是好事。有些媒体却把它当成真实的量子密码装置被破解,想搞个大新闻。好比有人做了一个炸毁××大坝的模拟实验,这些人就报道××大坝真的被炸了,这不是唯恐天下不乱吗?希望这些媒体提高自己的知识水平与职业素养!

然后,对量子密码的所谓破解跟对传统密码的破解完全不是一个概念。前者指的是用物理手段侵入设备,后者指的是用数学方法解译密文。因为量子密码是不可能用数学破解的,所以对它的攻击当然就只能来自物理了。

物理破解和数学破解的严重程度是完全不一样的,因为原则上物理破解都可以防,敌人至少要接近你的设备,而数学破解是没法防的,敌人只要拿到你的密文就行。7.2节的柯克霍夫原则说得很清楚:密文对敌人来说是已知的。因此,如果一种传统密码被破解了,那么意味着有人找到了快速的算法,这种密码以后就完全失效了。而如果量子密码被破解了,那只是意味着有人找到了一种针对具体设备的漏洞,这并不意味着量子密码失效,把这个漏洞补上就行了。

有些人可能会说:量子密码也会被破解,可见它跟传统密码没有本质区别。可能还有人会说:传统密码有种种好处,例如成熟、廉价、快速、易于组网,因此量子密码不如传统密码,甚至是根本没有用处。

应该如何看待这些观点呢?其实这属于偷换概念,把水搅浑。

我们在对传统密码的讨论中,主要考虑数学破解,是因为用数学就**有可能**破解它们,而不是**只有**用数学才能破解它们。请问,用物理手段能不能破解传统密码?当然可以。否则,你认为各国的情报部门是干什么的?

实际上,用物理手段破解密码是一个早已有之的领域,叫作**旁路攻击**(side channel attack)或者**侧信道攻击**。例如,通过监测电脑在执行加密、解密任务时的功耗与时间,可以获得关键信息。又如通过设备泄漏的电磁辐射,可以解析出这些电磁辐射中包含的文本、声音、图像等信息。大家可以百度一下,立刻就会大开眼界。

请问,你会把这理解为所有密码都没用吗?当然不会,因为这些旁路攻击都是可以防的。如果像有些媒体那样认为的，只要能被物理破解就说明密码没用，那么我可以举一种万能的物理破解方法：直接破门而入去抢劫资料。甚至还有更万能的：绑架通信者。请问，你觉得这说明了密码没用吗？

因此，量子密码和传统密码的对比，并不是前者的威胁只来自物理，后者的威胁只来自数学。实际的对比是，量子密码面临的威胁只来自物理，传统密码面临的威胁来自数学加物理！你本来可能被数学攻破，也可能被物理攻破，现在我把数学的威胁关闭了，只剩下物理的威胁，这难道不是一个重大的进步吗？

理顺了这些基本逻辑之后，我们来介绍一下量子密码的攻防研究。

量子密码的设备分为三部分：光源（source）、信道（channel）和探测（detection）。我们只关心光源和探测两部分的攻防。为什么呢？因为我们**默认信道是完全在敌人 Eve 的控制之下的，敌人几乎无所不能，在物理原理的限制范围内什么都能干，爱干什么干什么！**

这个态度简直大方得令人震惊，因为这意味着敌人可选的攻击方式无穷无尽。她可以拦截所有的光子，也可以发出干扰的光子，还可以发出质子、中子、中微子，甚至可以发出引力波！其实如果她愿意的话，她可以直接扔颗炸弹（图 8.11）。接收方 Bob 对 Eve 发来的任何东西都必须照单全收。反过来，发送方 Alice 和接收方 Bob 的能力却是受到严格限制的，他们的设备是不完美的，Eve 可以利用他们设备的任何缺点。

对方不想和你说话，并且向你扔了一颗炸弹

图 8.11　Eve 正在破坏通信

你也许会摔桌子了：这还怎么玩啊！这也太不公平了吧！比如，敌人直接发来一颗炸弹把我炸死了，这还玩什么？但是请注意，这个游戏的输赢标准是**窃密**，而不是任何其他事情。如果 Eve 拿到了信息而且没被发现，那么她就赢了，否则都算她输。所以直接扔炸弹把通信方炸死并不算本事，把所有的信号都拦下来阻止通信也不算本事。Eve 空有无穷无尽的能力，真正能用于窃密的却不见得很多，她也需要发挥聪明才智才能想出这些招数。

来看一个例子。有一种攻击叫作探测器致盲（detector blinding），说的是把强光注入 Bob 的探测器，让它从对单光子敏感的盖革模式（Geiger mode）转换成只对强光敏感的线性模式（linear mode）。也就是说，它探测不到单光子了，只能探测到某个强度阈值以上的光，这就是所谓的探测器致盲（图 8.12）。然后 Eve 利用这个优势，就可以偷到信息。

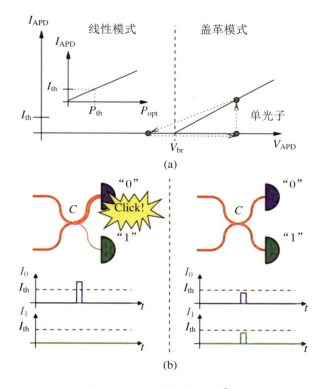

图 8.12 探测器致盲攻击①

---

① 参见文献 *Secure Quantum Key Distribution with Realistic Devices* 中的图 9。

选读内容：探测器致盲攻击

需要先读过 8.2 节介绍的 BB84 协议细节的选读内容，才能理解探测器致盲攻击具体是如何运作的。Eve 接收到 Alice 发出的光子时，每次都猜一个基组，做测量，然后复制多个跟测量结果相同的光子，发一束强光给 Bob。如果 Bob 选择的基组跟 Eve 相同，这束强光就会击中一个探测器，产生一个信号。如果 Bob 选择的基组跟 Eve 不同，这束强光就会分裂成两束强度各为原来一半的弱光，击中两个探测器，却一个信号都没产生。关键在于，Eve 选择的这个光强，刚好使得它打中探测器时可以产生信号，而它的一半强度打中探测器时却不产生信号。

由此，Bob 记录下来的所有数据都是跟 Eve 的基组相同的。等到 Alice 和 Bob 公布基组，Eve 就可以知道密钥。

我最初看到这个攻击的时候，不由得震惊了：这也能算一种攻击吗？难道你不知道自己的探测器处于什么模式吗？即使你原来不知道，听说这种攻击后，把探测器的线路改一改，让它自动报告模式，或者加个监控随时报告探测器的模式，不都轻而易举吗？事实上，这样的应对方法都有人提过。但业界认为这样的"兵来将挡、水来土掩"层次太低，希望找到更普适的应对。

他们还真找到了，叫作**测量仪器无关的量子密钥分发**（measurement-device-independent quantum key distribution，MDI-QKD）。这个名字超长的技术，意思是我们完全不需要保证自己的测量仪器可信，完全可以把它交给敌人去操纵，但仍然可以保证不泄密。这目标简直逆天啊！

我们不能在这里详细介绍 MDI-QKD 的原理，只能简略地说它是用量子纠缠实现的。但对纠缠的使用并没有降低效率，因为是 Alice 和 Bob 各自发出一个光子，送到第三方 Charles 那里去，让 Charles 去产生这两个光子之间的纠缠，然后做测量，公布测量结果。Alice 和 Bob 根据 Charles 公布的结果，跟自己已知的信息对照，就能知道 Charles 是否可信，如果可信的话就能产生密钥（图 8.13）。

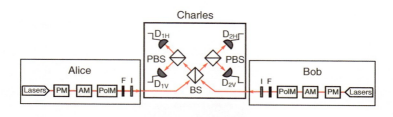

图 8.13　测量仪器无关的量子密钥分发①

在这种方法中最奇妙的是：Charles 无论怎么捣鬼，也不可能窃密。他最多就是故意误报然后被识破而已，这会阻止生成密钥，但没有窃密。他也可以气急败坏地扔颗炸弹，但这仍然不是窃密。所以，MDI-QKD 一劳永逸地封住了所有探测端的攻击，包括已知的和未知的、现在的和未来的！

此外，还有一种名字跟 MDI-QKD 很相近、目标同样宏大的方法，叫作**仪器无关的量子密钥分发**（device-independent quantum key distribution，DI-QKD，图 8.14）。它的基本原理是用 3.5 节提到的贝尔不等式检验来保证安全性，在这里不能详细介绍。在实验上，DI-QKD 实现的难度比 MDI-QKD 大得多，所以现在还处于很初级的阶段。但在将来，它肯定是一个重要的研究课题。

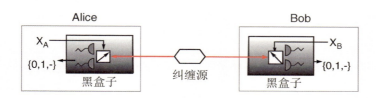

图 8.14　仪器无关的量子密钥分发②

值得一提的是，DI-QKD 的提出者是迄今为止唯一的华人图灵奖获得者**姚期智**先生（图 8.15）。在图灵奖的网站可以看到，姚期智 2000 年获奖的理由是"他对包括基于复杂性的伪随机数产生的理论、密码学和通信复杂性的计算理论的基础性贡献"（In recognition of his fundamental contributions to the theory of computation，including the complexity-based theory of pseudorandom number generation，cryptography，and communication complexity），里面介绍了很多他对经典密码学与量子密码学的贡献。有些人诈唬公众说，密码学家都对量子密码不感兴趣。了

---

① 参见文献 *Secure Quantum Key Distribution with Realistic Devices* 中的图 14。

② 参见文献 *Secure Quantum Key Distribution with Realistic Devices* 中的图 21。

解姚期智,就会知道这话有多荒谬了!

从这些例子中可以了解到,量子密码攻防的风格是:**对方无所不能,而自己是傻瓜**。只有在这个前提下防住了,他们才认为找到了解决办法。对敌人如此宽松、对自己如此严苛的研究,是我生平仅见,从来没见过另外一个领域如此不对等的。

图 8.15　姚期智

所以,从这样的设置就可以看出量子密码研究者的信心与野心:他们希望**依靠量子力学原理,一劳永逸地封杀所有可能的攻击**,而不只是当前技术水平下的攻击。由于量子力学的若干神奇特性,这个大巧若拙的目标是有可能实现的。目前还没有完全实现,但经过 30 多年的研究,已经取得了相当多的成果。前面举的MDI-QKD 就是一个重要成果。

另一个重要成果叫作**诱骗态协议**(decoy state protocol),它能够**封住光源一侧大部分的攻击**。实际上诱骗态协议是很多后续发展的基础,例如 MDI-QKD 就用到了它。具体而言,光源一侧最严重的攻击叫作**光子数分离攻击**(photon number splitting attack,图 8.16),而诱骗态协议是克制光子数分离攻击的特效药。

光子数分离攻击的背景是这样的:8.2 节介绍的 BB84 协议要求 Alice 每次只发一个光子。但实际的单光子光源效率很低,用它会导致生成密钥的速率即成码率(secret key rate)非常低,比如几百年才能生成一个字节。绝大多数实验用的是效率高的激光光源,但激光不是严格的单光子,有几率在一个脉冲中出现多个光子。(可以回顾一下 5.4 节结尾提到的光子数叠加态"单模压缩态"。)这就给窃听者 Eve 留下了可乘之机。

Eve 的妙计是:在遇到单光子时拦截下来不让通过,在遇到多个光子时拿走一个,让其余的光子通过。通信双方难以分辨光子的减少是来自窃听还是来自信道的自然损耗,于是在他们公布基组序列之后,Eve 就知道了该用什么基组去测量自已偷走的这些光子,然后就可以得到密钥。这就是光子数分离攻击。

实际上,对经典通信窃密的基本思路也是一样的:从大量的信号中偷走一部分,让通信方无法察觉。许多影视作品中有类似这样的情节:相距遥远的两地之间的通信是通过一根光缆实施的,窃听者知道这根光缆经过某栋建筑,就把这栋建筑租下来,在里面布置设备,从光缆分走一部分信号。

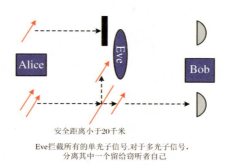

安全距离小于20千米

Eve拦截所有的单光子信号.对于多光子信号,
分离其中一个留给窃听者自己

图 8.16 光子数分离攻击原理图

量子密码之所以要用单光子,妙处正在于此。回顾一下"量子"的概念就能理解,**单个光子已经是最小的单元了,窃听者无法偷走"半个光子"**。所以在原理上,量子密码保密的物理基础是两条:① 单光子无法分割;② 未知量子态不可克隆(见6.2节)。如果没有第一条,窃听者就可以偷走部分信号然后窃密。如果没有第二条,窃听者就可以复制未知状态的光子然后进行光子数分离攻击。

实验条件的种种不完美之处,会给量子密码的安全传输距离设置一个上限。量子密码最初的实验是 1992 年贝内特等人做的,当时传输距离只有 32.5 厘米。到 21 世纪初,安全传输距离提高到了 10 千米的量级。但由于光子数分离攻击的问题,安全传输距离无法提高到 30 千米以上。当时许多科学家认为这项技术已经到头了,对它失去了兴趣。

然而 2003 — 2005 年,韩国科学家黄元瑛(W. Y. Hwang)和中国科学家罗开广、马雄峰、王向斌等人想出了一种巧妙的办法,就是前面提到的诱骗态协议。

激光光源发射的光子数有一定的分布,发射许多光脉冲就相当于发射一些单光子脉冲、一些多光子脉冲和一些零光子脉冲(也就是没发)。以前是只发一种态,即只有一个分布,而现在发若干种态,即有多个分布,多出来的那些就是诱骗态(图 8.17)。通信双方知道各种态的比例,但窃听者不知道。Eve 如果还像以前那样见单光子就拦,见多光子就扣一个,通信双方通过各种态比例的变化就能发现窃听。这大大增加了 Eve 窃密而不被发现的难度。

最终的结果是,在脉冲的平均光子数小于 1 时,诱骗态方法可以使得实验等效于只用单光子脉冲。对量子密码的安全性而言,这相当于把实际的不完美的光源变成了完美的单光子源。

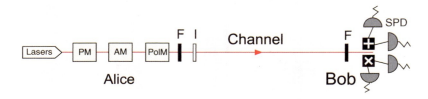

图 8.17　诱骗态协议[①]

克服了这个主要障碍以后,量子密码的安全传输距离开始迅猛增长,不断刷新纪录。自那以来,大多数纪录都是由中国科学技术大学的实验团队创造的。2020年,利用双场量子密钥分发(twin-field quantum key distribution),光纤中的安全传输距离超过了 500 千米。

几百千米的范围对一个城市的内部通信来说够用了,我国确实在合肥、芜湖、北京、上海、济南等地建设了实验性的量子政务网。但对于城市之间、国家之间甚至大洲之间的通信,几百千米就远远不够。这好比以前的"小灵通",只能在一个城市内部使用。量子保密通信要实现从小灵通到手机的跨越,还需要另辟蹊径。

8.4　量子通信中继与"京沪干线"

如何在更长的距离上实现量子保密通信?科学家们提出了**两条技术路线**。

一条技术路线是直截了当、容易想到的,每隔一段距离加一个中继器。我们平时的通信就是这么做的。对量子密码而言,由于要保密,所以中继有两种,分别叫作**可信中继**(trusted relay)和**量子中继**(quantum repeater)。

现在问题来了:你觉得,可信中继和量子中继哪个更好呢?

这真是让人颇费思量。很容易感觉,可信中继更好,因为你不可能选个不可信的啊。但其实这是误解,真正的回答是:量子中继更好!

---

① 参见文献 *Secure Quantum Key Distribution with Realistic Devices* 中的图 10。

188　量子科学出版工程(第二辑)
Quantum Science Publishing Project (Ⅱ)

量子信息简话:给所有人的新科技革命读本
A Brief Introduction to Quantum Information:for Everyone to Understand the New Scientific Revolution

我们来解释一下,可信中继和量子中继这两个词实际上是什么意思。

可信中继干的事情,是用传统的方式储存通信双方的密钥,比如用磁盘。这样敌人就可以去中继站偷密钥,而且如果中继站的工作人员有内鬼,就可以泄密(图 8.18)。因此,为了保证安全,我们就需要确保中继站是在严密监控下的,没有泄漏。也就是说,"可信中继"其实是"必须通过人力来保证它可信的中继"!

图 8.18　电影《无间道》剧照

选读内容:可信中继的工作原理

以上没有解释可信中继是如何实现中继功能的。其实是 Alice 有自己的密钥 k_1,Bob 有自己的密钥 k_2,他们的密钥都和中继分享。中继算出 k_1 与 k_2 的**异或**(exclusive-OR,简写为 XOR,运算符号为 $\oplus$),然后把结果 $k_1 \oplus k_2$ 公布。

对于二进制数,异或是一种常用的运算,就是"模为 2 的加法",即对于二进制的每一位,

$$0 \oplus 0 = 1 \oplus 1 = 0$$
$$0 \oplus 1 = 1 \oplus 0 = 1$$

异或有一个有趣的特征是,自己就是自己的逆运算(因为 $0 \oplus 0 = 1 \oplus 1 = 0$),所以异或的加法和减法是一样的。因此,Alice 和 Bob 根据公布的 $k_1 \oplus k_2$ 以及自己手里的密钥,对它们再做一次异或,就能算出对方手里的密钥。敌人只知道 $k_1 \oplus k_2$,无法知道 k_1 或 k_2。

7.2节中介绍的一次性便笺密码,在计算机上最方便的实现方法就是把数据转换成二进制,然后用明文异或密钥来加密。一次性便笺密码的接收者再把密文和密钥异或起来,就可以解密。

量子中继干的事情,是让发送方和接收方通过它建立连接,但中继站本身并不存储数据。因此,这里根本就不存在数据泄漏的问题。即使有内鬼,最糟也只是让量子中继停止工作,但不能偷到数据。所以量子中继是"比可信中继更可信的中继",因为它天然就可信,不需要外力来保证!

更加具体地说,可信中继传输的是经典的信息,而量子中继能够实现量子态的传输。因此,可信中继能干的事情,量子中继在原理上都能干,反之则不然。两者都可以用于量子保密通信,但量子中继还可以做分布式量子计算和远程量子精密测量等应用,这些是可信中继做不到的。

然而,造出量子中继的难度远远高于可信中继。具体而言,在现有的量子中继设计中包含三个元素:纠缠交换(entanglement swapping)、纠缠纯化(entanglement purification)以及量子存储(quantum memory)。咦,前面不是说量子中继不存储数据吗,为什么这里又要用到量子存储?回答是:量子中继中存储的是一些中间量子态,对窃密者来说没有用处。

到目前为止,量子中继虽然也有很多研究组取得了重要进展,但还远没有达到实用的程度。例如它的传输距离低于点对点的量子密钥分发的距离即500千米,这就失去了应用价值。因此,量子中继还处于实验室研究的阶段,而可信中继已经在实用了。实用的量子中继,恐怕还需要10年或更长的时间才会出现。

2017年9月29日,中国开通了世界第一条量子保密通信骨干网——"京沪干线"。具体而言,"京沪干线"是在北京、济南、合肥、上海已有的量子网络的基础上,通过包括两端在内的总共32个节点把它们连接起来(图8.19)。这样,就可以在从北京到上海的2 000千米的范围内实现量子保密通信。中间那些节点就是可信中继。

有一个经常见到的问题,值得回答一下:**既然敌人攻击"京沪干线"的中继站就可以窃密,那么"京沪干线"还有什么意义呢?** 事实上,有不少人就以此为由宣称"京沪干线"完全没用,甚至是一场骗局。

回答是:"京沪干线"怎么样,要看你跟谁比。如果跟理想的用量子中继的量子保密通信线路比,当然是不如,但问题不就是这理想的还没造出来吗?

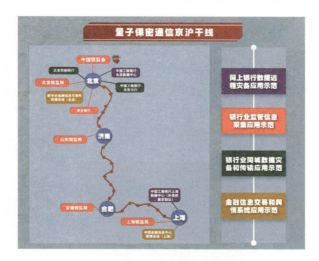

图 8.19　量子保密通信"京沪干线"

如果跟现有的其他密码技术比较,你就能理解"京沪干线"与可信中继的优势了。这里的关键在于,保密通信要解决的是信息传输的问题,而可信中继要解决的是信息存储的问题。

显然,**存储是传输的前提**。你要安全地传输一个信息,就必须首先有能力把它安全地存在本地。如果你存都存不住,放在家里都被人偷了,那还谈什么传输的问题?

因此,对可信中继的要求,完全是一个合理的要求。在一条线路上防守一个孤立的站点,这应该是你能做到的。如果你连这个都做不到,那么你无论用什么保密通信的方法都是白扯。如果你能做到这个合理的要求,那么可信中继就能让你在很长的距离上实现量子保密通信。

如果你认为防守"京沪干线"那 30 个中继站是不可承受的负担,那么你应该想到,假如用传统密码,按照同样的标准,需要防守的就不只是中继站了,而是 2 000 千米的整条线路!因为传统密码的密文是有可能用数学方法破译的,所以敌人在任何一点拿到密文都可能窃密。

现在,你明白那些说"京沪干线"用了可信中继所以就没用的,是怎么回事了吧? 这些人是对无条件安全的量子密码认为存储的要求不可接受,对传统密码却觉得有条件安全就够了。这是一种头脑糊涂导致的**双重标准**。

8.5　自由空间传输与"墨子号"量子科学实验卫星

在中继器之外,远距离量子保密通信的另一条技术路线是**自由空间传输**(free space communication),即直接在空气或真空中传输,不用光纤。在这方面迄今为止最突出的例子,也是我们时代一个了不起的技术奇迹,就是2016年8月16日中国发射的世界第一颗量子科学实验卫星"墨子号"(图8.20)。

图 8.20　"墨子号"量子科学实验卫星发射

它对应若干个地面站,如河北兴隆、青海德令哈、云南丽江、新疆乌鲁木齐、西藏阿里,甚至在奥地利还有一个地面站。"墨子号"量子科学实验卫星(简称"墨子号")位于低轨道,并不是地球同步卫星。当它经过一个地面站的时候,就可以跟地面站建立连接,生成密钥(图8.21)。

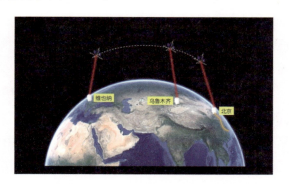

图 8.21　"墨子号"经过维也纳、乌鲁木齐、北京的地面站

例如,在 2017 年 9 月 29 日"京沪干线"开通的新闻发布会上,中国科学院院长白春礼和奥地利科学院院长安东·塞林格就通过"墨子号"与奥地利地面站的连接,结合"京沪干线"与"墨子号"的天地链路,进行了世界首次洲际量子保密通信视频通话(图 8.22)。顺便说一句,目前星地之间量子密钥的成码率还很低,是以"kbps"(每秒一个比特)计的,不足以作为一次性便笺密钥加密视频通话。(回顾一下 7.2 节,一次性便笺密钥至少要跟明文一样长。)这次视频通话是用对称密码算法进行的,即用少量的密钥加密大量的明文。这是一种不追求长期安全性的做法。

图 8.22　在 2017 年 9 月 29 日"京沪干线"开通的新闻发布会上,中国科学院院长白春礼(电子屏右侧)在现场通过"墨子号"量子科学实验卫星,与奥地利科学院院长安东·塞林格(电子屏左侧)进行世界首次洲际量子保密通信视频通话。

用卫星作中继进行量子保密通信,优点是显而易见的,即能够跨越遥远的距离。将来建成多颗卫星的星座,就可以覆盖全球。但困难也是显而易见的:量子保密通信一次只能发一个光子,而卫星离地面几百上千千米,这样能收到信号吗? 还有,卫星相对于地面是在以每秒几千米的速度飞驰而过,把双方的探测器对准也非常困难。这个天地之间的"针尖对麦芒",精度相当于"**在五十千米外把一枚一角硬币扔进一列全速行驶的高铁上的一个矿泉水瓶里**"(请一口气念完这个句子!)。以这么高的对准精度,接收弱得不能再弱的光信号(真的不能再弱了,再弱就什么都没有了),这是多么大的挑战!

然而惊人的是,"墨子号"都做到了。

对于第一个问题,回答是:光子出了大气层之后,在真空中就基本没有损耗了。因此,对于太空与地面的量子保密通信,无论它们相距多远,真正需要考虑的只是在大气层中的损耗而已。大气层的有效厚度大约是 10 千米,而在某些波段,光子穿过 10 千米厚的大气层只损耗 20%。

这造成一个有趣的后果:在相距很远的情况下,自由空间传输的效率比光纤高得多。因为前者只有一小部分距离有损耗,而后者每一寸都实打实地有损耗。所以我们会看到这样的报道:"在 1 200 千米通信距离上,星地量子密钥的传输效率比同等距离地面光纤信道高 20 个数量级(万亿亿倍)。"

对于第二个问题,回答是:星地对准的难度虽然高,但也在"墨子号"的能力范围之内。例如看这张照片(图 8.23),"墨子号"与河北兴隆的地面站对准。其中红光是兴隆站发出的信标光,绿光是"墨子号"发出的信标光。请注意,信标光不是用来通信的,而是用来对准的。因为通信用的是单光子,单光子是不可能让你看见的,如果看见了就意味着这个光子进入了你的眼睛,那就不可能被地面站接收到了。这里的红光排成一个扇形,是因为这张照片是多个时间的叠加,同时星星的移动也形成星轨,产生了美丽的艺术效果。

图 8.23　星轨背景下"墨子号"量子科学实验卫星与兴隆站用信标光对准

关于对准的难度,有一个有趣的例子。2017 年,日本信息通信研究机构(National Institute of Information and Communication Technology,NICT)发射了一颗名叫"苏格拉底"(SOCRATES)的超小型卫星(图 8.24),号称实现了量子通信(图 8.25).日本媒体为此欢呼,宣称原本需要大型卫星的量子通信现在可以用更低成本的小型卫星来实现。

但我看了他们的论文并和我国的量子信息研究者讨论后发现,**日本这颗卫星并没有实现量子通信。**

论文中明确地承认,"苏格拉底"卫星由于跟地面的对准做得不够好,一次要发

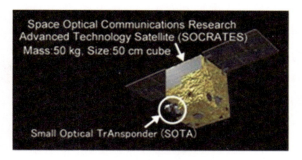

图 8.24　日本的微型通信卫星"苏格拉底"

（图片来源：NICT 的主页）

Published: 10 July 2017

Satellite-to-ground quantum-limited communication using a 50-kg-class microsatellite

Hideki Takenaka, Alberto Carrasco-Casado, Mikio Fujiwara, Mitsuo Kitamura, Masahide Sasaki ✉ & Morio Toyoshima

Nature Photonics **11**, 502–508 (2017) | Cite this article

图 8.25　论文《用一颗 50 千克级别的微型卫星实现星地之间量子极限的通信》

一亿个光子才能让地面接收到信号（图 8.26）。这就完全不能保密了。所以日本这颗卫星只能说是试验了一些与量子保密通信有关的技术，离实现量子保密通信还差十万八千里。定量地说，还差一亿倍。

additional bulky payload. To track the OGS more reliably with this coarse pointing, the laser beam divergence was widened, and brighter laser pulses (on the order of 10^8 photons per pulse at the exit of the SOTA, Table 1) than those required in QKD were used, although the optical signals received at the entrance of the OGS were photon-limited in the range of ~0.145–6.696 photons per pulse.

图 8.26　"使用了比量子密钥分发所需的更亮的激光脉冲"[1]

---

① 这话实际的意思就是没有实现量子保密通信，因为量子密钥分发就是量子保密通信的专业名称。

除了日本,德国、英国也在筹划发射量子通信卫星,但都还没有成功。从 2016 年到 2021 年已经 5 年了,所以我们领先他们至少 5 年。

"墨子号"作为量子科学实验卫星,做的事情还不只是量子保密通信这一件。在发射之初,它的科学目标包括三大实验,即星地之间的量子密钥分发、地星之间的量子隐形传态和星地双向量子纠缠分发。

2017 年 6 月 16 日,潘建伟、彭承志等人在《科学》(*Science*)上发表封面论文,宣布实现了千千米级的星地双向量子纠缠分发,并以此为基础对量子力学的基本原理进行了实验检验(图 8.27)。具体而言,就是在卫星上制备若干对纠缠光子对,并把它们发射到德令哈和丽江两个地面站,这两个地面站相距 1 203 千米,然后对这些纠缠光子对进行贝尔不等式的检验。检验的结果确实违反了贝尔不等式,说明在这么长的距离上它们仍然保持了纠缠。

图 8.27　千千米级的星地双向量子纠缠分发

2017 年 8 月 10 日,他们又在《自然》(*Nature*)上发表文章,宣布实现了从卫星到地面的量子密钥分发和从地面到卫星的量子隐形传态(图 8.28)。至此,"墨子号"的三大科学目标提前并圆满实现。

在相关的新闻报道中,大量的科学术语和技术指标会让绝大多数读者晕头转向,不明觉厉。但有了本书的背景知识,你就都可以看明白了。例如:

星地高速量子密钥分发是"墨子号"量子科学实验卫星的科学目标之一。量子

196　量子科学出版工程(第二辑)
Quantum Science Publishing Project(Ⅱ)

量子信息简话:给所有人的新科技革命读本
A Brief Introduction to Quantum Information:for Everyone to Understand the New Scientific Revolution

图 8.28　"墨子号"——阿里地面站量子隐形传态实验现场图

密钥分发实验采用卫星发射量子信号、地面接收的方式,"墨子号"量子科学实验卫星过境时,与河北兴隆地面光学站建立光链路,通信距离从 645 千米到 1 200 千米。在 1 200 千米通信距离上,星地量子密钥的传输效率比同等距离地面光纤信道高 20 个数量级(万亿亿倍)。卫星上量子诱骗态光源平均每秒发送 4 000 万个信号光子,一次过轨对接实验可生成 300 kbit 的安全密钥,平均成码率可达 1.1 kbps。

地星量子隐形传态是"墨子号"量子科学实验卫星的科学目标之一。量子隐形传态采用地面发射纠缠光子、天上接收的方式,"墨子号"量子科学实验卫星过境时,与海拔 5 100 米的西藏阿里地面站建立光链路。地面光源每秒产生 8 000 个量子隐形传态事例,地面向卫星发射纠缠光子,实验通信距离从 500 千米到 1 400 千米,所有 6 个待传送态均以大于 99.7% 的置信度超越经典极限。假设在同样长度的光纤中重复这一工作,需要 3 800 亿年(宇宙年龄的 20 倍)才能观测到 1 个事例。

全都看懂了吗? 祝贺你,你现在已经是读者中的量子信息专家了,你进入了量子信息的"自由空间"!

在三大科学目标实现后,"墨子号"又超出预期,做出了新的科学贡献。

例如 2019 年 9 月 20 日,他们在《科学》(*Science*)发表文章,用超大尺度量子干涉的实验探索了量子力学与广义相对论的融合。

选读内容:实验检验量子力学与广义相对论的融合

1.3 节说过,量子力学和广义相对论是当今物理学的两大支柱,但它们至今还没有统一。这是当今物理学最基础的问题。

近年来,有澳大利亚学者提出了一个名叫"事件形式"的理论模型,探讨了引力可能导致的量子退相干效应,并提出了一个现实可行的实验方案。该方案预言,纠缠光子对在地球引力场中传播时,其关联会概率性地损失。

"墨子号"正是检验这一理论的理想平台。中国科学技术大学潘建伟、彭承志、范靖云等人与美国加州理工学院、澳大利亚昆士兰大学等单位的科研工作人员合作,在太空开展了引力诱导量子纠缠退相干的实验检验,即对穿越地球引力场的量子纠缠光子退相干情况展开测试(图8.29)。

通过一系列精巧的实验设计和理论分析,他们的实验令人信服地排除了"事件形式"理论所预言的引力导致纠缠退相干现象。在实验观测结果的基础上,该工作对之前的理论模型进行了修正和完善。修正后的理论表明,在"墨子号"现有500千米轨道高度下,纠缠退相干现象将表现得比较微弱。为了进一步进行确定性的验证,未来需要在更高轨道的实验平台开展研究。

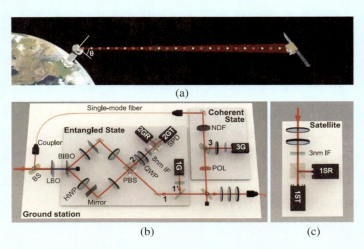

图 8.29　实验检验"事件形式"理论模型示意图①

如果你看不明白这些专业的说法,那么基本的结论就是:**澳大利亚学者的理论模型被实验否定了**。如果想拯救这个理论,就要对它进行修正。未来的高轨道卫星,会对修正后的理论进行检验。

比具体结论更重要的是,**人类终于有了这样的实验条件,能够研究这样基础的问题**。这是国际上首次利用量子卫星在地球引力场中对尝试结合量子力学与广义相对论的理论进行实验检验,将极大地推动相关物理学基础理论和实验研究。

---

① 参见 http://science.sciencemag.org/content/366/6461/132。

198　量子科学出版工程(第二辑)
Quantum Science Publishing Project (Ⅱ)

量子信息简话:给所有人的新科技革命读本
A Brief Introduction to Quantum Information:for Everyone to Understand the New Scientific Revolution

又如 2020 年 6 月 15 日,他们在《自然》(*Nature*)发表文章,实现了千千米级基于纠缠的量子密钥分发。这条新闻也许会让你有点糊涂:这跟刚才说的千千米级量子纠缠分发有什么区别?请仔细看,这次是量子**密钥**分发,2017 年的那次是量子**纠缠**分发。上次只是分发纠缠光子,没有生成密钥,这次生成了密钥。

虽然这次实验成码率低得惊人,只有每秒 0.12 比特,但它的意义在于:**即使卫星被敌人控制了,密钥仍然是安全的**。这是因为卫星作为纠缠源,只负责分发纠缠,不掌握密钥的任何信息。

而基于该研究成果发展起来的高效星地链路收集技术,可以将量子卫星载荷重量由现有的几百千克降低到几十千克以下,将地面接收系统的重量由现有的 10 余吨大幅降低到 100 千克左右,实现接收系统的小型化、可搬运,**为将来卫星量子通信的规模化、商业化应用奠定基础**。在这个意义上,2017 年日本"苏格拉底"卫星希望达到的目标,会在中国首先实现。

2021 年 1 月 7 日,陈宇翔、张强、潘建伟等人在《自然》(*Nature*)上发表论文《跨越 4 600 千米的天地一体化量子通信网络》,总结了过去几年"墨子号"与"京沪干线"的运营情况(图 8.30)。它表明广域量子保密通信技术在实际应用中的条件已初步成熟,为未来覆盖全球的量子保密通信网络奠定了科学与技术基础。4 600 千米跨度的意思是:"京沪干线"的 2 000 千米,加上河北兴隆到新疆南山之间的 2 600 千米。

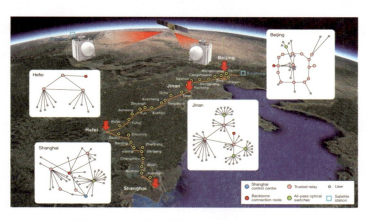

图 8.30　天地一体化量子通信网络示意图

无论是在连接的数量上,还是在生成密钥的速率上,还是在抵抗物理攻击的能力上,还是在稳定性上等,这个天地一体量子保密通信网络都有杰出的表现,初步达到了实用的要求。论文给出了大量的数据,见下面的表(图 8.31)。

Table 1 | Network information

Network	Number of relays	Number of nodes	Number of users	Number of links	Average length (km)	Loss (dB) Minimum	Loss (dB) Average	Loss (dB) Maximum	Rate (kbps) Minimum	Rate (kbps) Average	Rate (kbps) Maximum
Backbone	32	0	0	135	63.8	10.3	16.0	20.5	28.1	79.3	235.4
Beijing	9	19	19	39	29.8	2.5	9.3	13.5	2.7	12.9	32.5
Jinan	3	50	95	437	7.6	3.0	5.8	12.5	12	26.3	47.6
Hefei	3	11	14	8	25	2.1	5.8	10.3	2.9	19.7	49.4
Shanghai	5	26	26	82	27.5	5.7	9.8	13.2	2.8	11.2	19.4
Xinglong	4	1	1	5	51.7	10.7	14.7	20.5	2.9	16.6	40.5
Satellite	1	2	2	2	500–2,043	20.0		40.0		1.1	47.8

The number of users refers to the number of users that are connected; each user node may have more than one user. The number of links refers to number of links between two users. The average length, loss and rate are only for the ground links.

图 8.31   天地一体化量子通信网络中骨干网、四个城域网(北京、济南、合肥、上海)、两个地
面站(兴隆、南山)以及"墨子号"卫星的各种指标(中继数、节点数、用户数、连接数、
平均长度、损失率、成码率)

(图片来源:《跨越 4 600 千米的天地一体化量子通信网络》表 1)

这个表里跟实用最相关的数据,大概就是"京沪干线"骨干网的平均成码率:79.3 kbps。乍看起来这个数值低得惊人,令人想起 20 世纪 90 年代刚开始上网时的"猫"(调制解调器 modem,被昵称为"猫")。那时大家是拨号上网,速率就是每秒钟几千个比特。用这种速率看看文字还行,但是传个图片就要等老半天了,听个音乐什么的都非常费劲。"京沪干线"的速率一夜回到解放前,这还能用吗?然而奇妙的回答是:仍然很有用。下一节来详细讲这方面的问题。

未来,天地一体化量子通信网络还将发挥量子保密通信之外的作用。例如中国在建设使用量子精密测量方法的国家地基授时网络,它将成为世界上最大、精度最高的光纤授时系统。又如刚才讲的探索量子力学与广义相对论的融合这样的基础研究,这表明中国的天地一体化量子通信网络将成为全人类重要的基础设施。

8.6   量子通信的应用情况

最后,我们来介绍一下量子通信在世界各国的应用情况。瑞士的 ID Quantique、日本的东芝欧洲(Toshiba Europe)以及中国的国盾量子(Quantum CTek)、问天量子(Qasky)等企业,已经在市场上出售商用的量子保密通信设备。2007 年的瑞士选举和 2010 年的南非世界杯,都用了量子密钥分发来保证通信安全。在中国,量子密钥分发为 2009 年国庆大阅兵、2012 年党的十八大等重大活动提供了保卫。

量子信息简话:给所有人的新科技革命读本
A Brief Introduction to Quantum Information:for Everyone to Understand the New Scientific Revolution

对于中国量子通信应用情况最熟悉的是"国科量子",全称是国科量子通信网络有限公司。它是为加快实现"在量子通信技术实用化等方面取得重大突破"的目标,由中国科学院控股有限公司联合中国科学技术大学,2016年11月在上海共同发起成立的创新型企业,聚焦量子保密通信网络设施的规划、建设、推广和维护。国科量子与国盾量子的关系,就像移动、联通、电信等运营商与华为、中兴等生产商的关系。

为本书的写作,国科量子总裁戚巍博士发来了他们总结的《量子保密通信"京沪干线"应用相关情况》。全文引用如下,特此致谢。

经过近年的发展,依托"京沪干线",量子保密通信在金融、政务等领域的应用不断深化,特别是有关应用已经融入用户生产、业务系统,并且应用实效得到用户认可。

金融领域,"京沪干线"建成后,在原银监会的组织和指导下,10多家银行以及证券、期货、基金等一批金融机构在全球率先开展了同城与异地数据备份和加密传输、网上银行加密、视频会议、监管信息采集报送以及企业网银实时转账等量子保密通信示范应用;中国人民银行启动了人民币跨境收付信息管理系统量子保密通信应用试点。

在应用示范的基础上,中办、国办联合印发了《金融和重要领域密码应用与创新发展工作规划(2018 — 2022年)》(厅字〔2018〕36号),提出促进密码与量子技术等新技术的融合创新,并将持续深化金融领域密码应用作为重点任务予以部署。相关规划政策的出台,为量子保密通信技术在金融领域更深层次、更大范围地推广奠定了重要基础。

2018年,针对某行核心业务系统主密钥安全、高频、大范围分发需求,依托"京沪干线"在北京、上海、无锡三地建设了量子密钥分发系统,将位于三地的核心业务系统接入量子骨干网络和相关城域网,提供远距离主密钥在线分发及国产化加解密服务。量子保密通信与该业务系统的融合应用,不仅解决了该行核心业务系统节点间对称密钥安全分发及更新的问题,还实现了对密码系统的统一调度和集中式管理,在提升信息安全防护等级和数据安全传输水平的同时,降低了密钥管理和运维成本,提高了经济性。

政务领域,依托"京沪干线",沿线地区在电子政务领域开展了跨区域和本地化的量子保密通信应用,如某省通过"京沪干线"和量子城域网,将省、市电子政务外网与国家电子政务外网对接,构建了国家-省-市三级电子政务外网认证体系,提供基于量子密码增强的认证和数据传输服务,解决证书的高等级安全传输问题。

2019年,某省卫健行业启动基层医疗机构信息化系统建设,为解决多类型身份认证、安全接入和跨互联网安全传输问题,通过在该省政务云平台部署量子密钥管理及服务平台和量子安全认证网关、量子密管等产品,并结合量子安全U盾、量子安全TF卡等措施,搭建了政务云平台与基层医疗机构之间的量子安全认证与传输通道。该量子安全应用的上线,不仅在CA认证的基础上融入了量子安全增强接入认证,还依托量子网络实现了密钥的高频更新,大幅提升了跨互联网业务数据交互的前向安全性。

此外,电力领域,"京沪干线"沿线省市实现了重要电力业务数据的量子加密传输,开展了基于量子保密通信技术的内部办公和对外业务安全防护,以及重要业务数据的京沪异地加密灾备。交通、海关、法院、医疗、工业互联网等领域的量子保密通信应用也在不断发展。

目前,"京沪干线"作为科学研究与基础设施"一体两用"的典型代表,在促进新技术应用研究等方面也发挥着积极作用。如通过波分复用的方式,为国家重大科技基础设施高精度地基授时系统提供基础资源,并传输地基授时系统相关光频任务,通过资源共享,有利于降低高精度地基授时系统的建设成本。

这里面重量级的信息很多,如**人民币跨境收付信息管理系统、国产化加解密服务、电力业务数据的量子加密传输**,请大家自行划重点。

为什么8.5节结尾提到的区区79.3 kbps的成码率能够支持这么多应用?因为这些密钥是用来传送绝密信息的,低密级的普通数据并不会用它。只要合理规划,绝密数据的量其实可以很小。例如军用命令体系里一个数字可能就足以代表一系列的战术操作,这些战术方案都是早就制定好的。

其实,"京沪干线"成码率最初的设计指标只有8 kbps!实际做到的,已经是它的十倍了。这反映了技术进步的速度。随着地面和卫星量子密码成码率的快速提升,我们未来会看到越来越多的应用。

最近还有一个有趣的应用,是中国电信2021年1月推出的量子保密通信手机。近年来出现了很多量子鞋子、量子袜子、量子保健品、量子波动速读之类的"李鬼",不过这个是"李逵",不是"李鬼",因为他们的合作伙伴就是——国盾量子。

本书的读者都已经明白量子保密通信的基本原理了。不过,量子保密通信手机究竟是怎么操作的呢?我在咨询国盾量子总裁赵勇博士以及相关的技术人员之后,终于知道是这样一个流程(图 8.32)。

每个用户先到邻近电信网点的服务站下载自己的专属密钥,这是用量子随机数发生器产生的真随机数。通话时,双方各自对应的服务站之间通过量子密钥分发共享应用密钥,再用两人各自的专属密钥将应用密钥加密后发给双方,然后双方就可以进行保密通话了。如果专属密钥用完了,要再去服务站补充,就像去加油站加油一样。

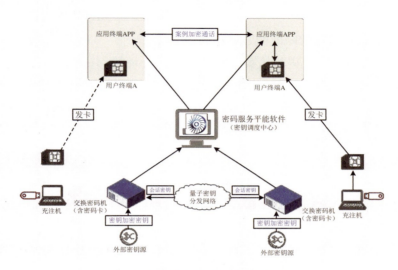

图 8.32　量子保密通信手机原理

这里的加密方式跟 8.5 节所述白春礼和塞林格的视频通话一样,也是对称密码算法,用少量的密钥加密大量的明文。这样才撑得起许多人的电话服务。按照他们的计算,如果从"京沪干线"分出 1 kbps 作密钥,就足以每天支持几百万通电话通话。同样的道理,这是一种不追求长期安全性的做法。

通过这种方式,个人用户也能用量子密钥分发了。另一个好处在于,如果有一台手机丢失,只需要删除这个用户的信息就可以止损,不会影响其他用户,不像以前有一台机要设备失窃就会影响整个网络。

有人也许会问:如果罪犯用了量子保密通信手机,警察怎么办?是不是也无法拿到罪犯的通话信息了?回答是:所有的数据,包括密钥和明文,都在运营商的手里。所以只要警方要求运营商交出罪犯的数据,在技术上都是可以拿到的。量子保密通信电话的作用,只是保证未经授权的其他人无法窃取信息。

这大概是量子信息技术中第一次有民用产品。怎么样,你觉得你的信息值不值得保密？有没有兴趣来一台量子手机？

关于量子保密通信整体的发展状况和前景，徐飞虎、马雄峰、张强、罗开广、潘建伟等五位科学家 2020 年在《现代物理评论》(*Reviews of Modern Physics*)发表了一篇综述文章《用现实设备实现安全的量子密钥分发》(*Secure Quantum Key Distribution with Realistic Devices*)。此文的结尾提到，量子密钥分发的发展分为如下阶段：

（1）自 1984 年理论提出以来，量子密钥分发在 20 世纪 90 年代初得到演示，激发了一系列的理论和实验以证明它的可行性。

（2）量子密钥分发的实验从实验室扩展到户外环境，并研究了各种技术困难。与此同时，它的理论安全性得到了建立。

（3）由于诱骗态协议的提出，量子密钥分发的安全传输距离扩展到 100 千米的光纤以及自由空间。

（4）量子密钥分发被广泛地部署在城域网，同时探测端的漏洞被发现，然后被 MDI-QKD 解决。

（5）量子密钥分发向长距离和高速率扩展，如 400 千米的光纤和 1 200 千米的自由空间，以及超过 10 Mbits/s 的成码率。

（6）我们当前处于这个阶段。量子密钥分发从小规模走向大规模，并且覆盖了广大的区域。新的双场协议把量子密钥分发推向更长的距离。

未来，如下几个主题将是值得关注的努力方向：

（1）量子中继。许多应用有待于此。

（2）标准化。为了行业的发展，商业标准亟需建立起来。

（3）攻防测试。实地的测试才能带来可检验的安全性。

（4）小体积、低成本、长距离的系统，如集成在一块芯片中的量子密钥分发设备以及星型的量子接入网络。

（5）**不可信中继**的量子密钥分发网络。这个概念可能令人大吃一惊，不可信的中继怎么用？但这正是量子力学原理的迷人之处，这样不可思议的目标是有可能实现的，如 MDI-QKD、基于纠缠分发的 QKD、用量子中继的 QKD。

（6）基于卫星的量子密钥分发。"墨子号"是当前唯一的一颗量子科学实验卫星，它位于低轨道，而且目前只能在黑夜通信。为了增加覆盖时间和区域，我们需要发射更多高轨道的卫星，以及在白天实现量子密钥分发。最终目标是，实现一个**基于卫星星座的全球量子网络**。

结　　语

　　我们的量子信息探索之旅在这里暂且告一段落,让我们总结和展望一下。

　　量子力学是人类的两大基础物理学理论之一,解决了许多深刻的理论与实践问题。量子信息是量子力学与信息科学结合的新兴交叉学科,根基于我们操控单个量子能力的进步,这是一场新的量子革命。

　　量子信息包括量子通信、量子计算和量子精密测量三大领域。在量子精密测量方面,中国虽然近年来取得了很多成果,但总体上还落在欧美后面。在量子计算方面,2020 年 12 月"九章"的突破标志着中国跟美国并驾齐驱,共同组成第一方阵。在量子通信方面,中国明确是世界领先的,2016 年 8 月的"墨子号"卫星发射就是中国达到领先位置的最显著标志。

　　近年来,世界各国纷纷推出了量子信息的国家战略。例如 2018 年,由欧盟委员会资助的欧洲量子技术旗舰计划开始执行,该计划将历时十年,预算 10 亿欧元。2020 年,美国通过了《国家量子倡议法案》,宣称绝不能容忍在量子科技领域落后。2020 年,美国又发布了《量子前沿:关于国家量子信息科学战略投入的报告》(图 A),称将在量子信息科学领域保持领导地位作为确保美国长期经济繁荣和国家安全的关键优先事项。美国已采取重大行动,以加强联邦政府对量子信息科学的投资,

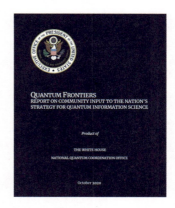

图 A　《量子前沿:关于国家量子信息科学战略投入的报告》

与此同时,储备一批量子技术人才。

一个有趣的花絮是,2021年1月21日,法国总统马克龙宣布启动"法国量子技术国家战略",计划五年内在量子领域投资18亿欧元。这将使法国在资金投入方面超越英国和德国,仅次于中国和美国,位列世界第三。

如果去看法国《世界报》的原始报道或者它的英文翻译,会看到更有意思的提法。马克龙说,法国要进入量子科技的世界三强(the world's top three)。前两强是谁? 当然是中美。

马克龙还说,我们要保持我们的人才和某些技术不依赖于两个和我们竞争的国际强国,即中美(We need to keep our talents, and also keep certain technologies so as not to depend in particular on the two great international powers〔China and the USA〕which compete with us)。这话是不是听着耳熟? 只不过位置换了?

以后如果这样的新闻越来越多,经常听到其他国家信誓旦旦要赶上中国,把**仅次于中国**作为一种了不起的成就,就像我们以前经常把"仅次于美国"作为了不起的成就,中国人民的自信就会逐渐建立起来了,就会逐渐在心态上接受自己是领跑者,像领跑者而不是跟跑者那样去思考、去做事。这是这个时代最有趣的潮流。

最后,量子信息科技的新趋势是走向**量子互联网**(quantum internet)。它最基础的意义是通过量子密钥分发保证安全性的网络,但远远不止于此。它还将包括量子传感器的网络,即把量子精密测量包括在内。它还将包括分布式量子计算,即让世界各地的用户可以分享量子计算的资源。为了传输量子比特,将需要量子隐形传态。为了让分布式量子计算的用户保护自己的隐私,将需要8.1节选读内容中提到的盲量子计算。

量子信息已经创造了很多奇迹,在不远的将来有望创造更多的奇迹。但它将创造的最大的奇迹是什么? 可能现在我们还没有想到。这有赖于大家的努力。也许,你就将做出关键的贡献!

206　量子科学出版工程(第二辑)
　　　Quantum Science Publishing Project (Ⅱ)

量子信息简话:给所有人的新科技革命读本
A Brief Introduction to Quantum Information: for Everyone to Understand the New Scientific Revolution

拓 展 阅 读

第 1 章　"量子"是什么?

1. 曹则贤《曹则贤跨年演讲:什么是量子力学?》(微信扫一扫)

2. 袁岚峰《听三位诺贝尔奖得主讲引力波》

3. 徐飞虎《单光子相机:如何实现"雾里看花"》

第 2 章　最容易理解的量子科技:量子精密测量

1. 袁岚峰《林宝军:不敢走在美国前面,中国如何摆脱"卡脖子"?》

2. 科普君 XueShu 雪树《人类文明刚刚度过了一个关键节点》

3. 窦贤康《高空大气与量子雷达》

4. 墨子沙龙《漫画 | 非视域成像：让视线"拐弯"，在 1.4 千米之外》

5. 袁岚峰《"简单"的科普工作，还有价值吗?》

6. 彭新华《原本需要 15 万年才能解决的问题，有了它只需 1 秒》

第 3 章　量子力学的"三大奥义"

1. 环球科学《万亿分之八十一！精细结构常数的测量精度再次提升》

208　量子科学出版工程(第二辑)
Quantum Science Publishing Project (Ⅱ)

量子信息简话：给所有人的新科技革命读本
A Brief Introduction to Quantum Information：for Everyone to Understand the New Scientific Revolution

2. 迈克尔·尼尔森,艾萨克·庄.量子计算和量子信息[M].赵千川,译.北京: 清华大学出版社,2004 年.

3. 陈宇翔,潘建伟.量子科学重点前沿突破方向[M].合肥:中国科学技术大学 出版社,2019 年.

第4章 量子计算的优势何在?

1. FEYNMAN R P. Simulating Physics with Computers[J]. International Journal of Theoretical Physics,1982,21(6,7):467-488.

2.《大数据白皮书(2020 年)》

3. PRESKILL J. Quantum Computing and the Entanglement Frontier[M]. American Physical Society,2012.

4. 跟陶叔学编程《一篇读罢头飞雪:计算机发展时间线(上)》

5. 张文卓.大话量子通信[M].北京:人民邮电出版社,2020 年.

6. 迈克尔·尼尔森,艾萨克·庄.量子计算和量子信息[M].赵千川,译.北京: 清华大学出版社,2004 年.

7. 袁岚峰《科学家评论各国量子计算实力,你猜最大的喜剧和悲剧是谁?》

第5章　量子计算的成果

1. 中国信息协会量子信息分会《美国哈德逊研究所发布〈高管的量子密码指南:后量子时代中的信息安全〉》

2. 迈克尔·尼尔森,艾萨克·庄.量子计算和量子信息[M].赵千川,译.北京:清华大学出版社,2004年.

3. 中国科学技术大学《比最快的超级计算机快一百万亿倍! 中国科学家实现"量子计算优越性"里程碑》

4. 墨子沙龙《经典和量子的算力之争:中国科学家实现"量子计算优越性"里程碑》

5. 墨子沙龙《中国科学家研制出首个有潜在应用的量子计算原型机》

210　量子科学出版工程(第二辑)
Quantum Science Publishing Project (Ⅱ)

量子信息简话:给所有人的新科技革命读本
A Brief Introduction to Quantum Information:for Everyone to Understand the New Scientific Revolution

第6章　最具科幻色彩的量子信息技术:量子隐形传态

1. HAMMING R. You and Your Research[M]. Transcription of the Bell Communications Research Colloquium Seminar，1986.

2. 迈克尔·尼尔森,艾萨克·庄.量子计算和量子信息[M].赵千川,译.北京：清华大学出版社,2004 年.

3. BENNETT C H，BRASSARD G，CRÉPEAU C，et al. Teleporting an Unknown Quantum State via Dual Classical and Einstein-Podolsky-Rosen Channels[J]. Phys. Rev. Lett.，1993，70(13)：1895-1899.

4. BOUWMEESTER D，PAN J W，MATTLE K，et al. Experimental Quantum Teleportation[J]. Nature，1997，390：575-579.

5. WANG X L，CAI X D，SU Z E，et al. Quantum Teleportation of Multiple Degrees of Freedom of a Single Photon[J]. Nature，2015，518：516-519.

第7章　为了理解量子密码,先来学传统密码

1. 西蒙·辛格.码书:编码与解码的战争[M].刘燕芬,译.南昌:江西人民出版社,2018 年.

第 8 章　正在实用的量子信息技术:量子密码

1. 西蒙·辛格.码书:编码与解码的战争[M].刘燕芬,译.南昌:江西人民出版社,2018年.

2. 张文卓.大话量子通信著[M].北京:人民邮电出版社,2020年.

3. 袁岚峰《量子加密惊现破绽? 请媒体提高知识水平,不要乱搞大新闻》

4. XU F H, MA X F, ZHANG Q, et al. Secure Quantum Key Distribution with Realistic Devices[J]. Rev. Mod. Phys.，2020，92：025002.

5. 中国信息协会量子信息分会.量子安全技术白皮书(2020)[R].(2020-12-15).

6. 袁岚峰《你完全可以理解全光量子中继》

7. 袁岚峰《日本真的成功进行超小型卫星量子通信实验了吗?》

212　量子科学出版工程(第二辑)
Quantum Science Publishing Project (Ⅱ)

量子信息简话:给所有人的新科技革命读本
A Brief Introduction to Quantum Information：for Everyone to Understand the New Scientific Revolution

读 者 评 价

任何足够先进的技术,都与魔法无异

英国著名科幻小说作家,《2001 太空漫游》的作者,亚瑟·克拉克爵士,曾就科学文化提出过一条广为人知的"定律":任何足够先进的技术,都与魔法无异(Any sufficiently advanced technology is indistinguishable from magic)。

我在阅读袁岚峰先生的科普新作《量子信息简话:给所有人的新科技革命读本》时,就常常产生这种观赏魔法般的惊异与赞叹之感:对1.43 千米外的民宅,做到隔墙观物;8 个粒子的量子体系,能存储全世界一年产生的数据总量,填满 470 亿个硬盘;用量子计算原型机"九章"做玻色子取样,优势是当时最先进超级计算机的一百万亿倍;首次实现了单个光子多自由度的量子隐形传态;从地面向高速过境的"墨子号"卫星发射光子,一次只发射一个,其精度相当于"在五十千米外把一枚一角硬币扔进一列全速行驶的高铁上的一个矿泉水瓶里",实现了量子保密通信;等等。有意思的是,故事中唱主角的很多都是中国人,尤其是中国科学技术大学活跃在量子信息领域最前沿的一群物理学家们。作者也是他们的同事。这是一种奇妙的阅读体验。

顾名思义,量子信息是量子力学和信息科学相结合的产物。对于它的主要分支——量子计算、量子通信、量子精密测量,本书都做了详细的介绍,它属于有潜力改变世界的战略性科技。从成果上看,量子信息确实侧重于技术应用,但若据此判断它只是应用科学,那就大大低估了它的潜力和地位。因为近些年来,一个神奇的现象是,量子信息的理论框架和概念方法,正在大规模地进入当今理论物理学最基础、最核心的地带,譬如量子场论和量子引力理论（根据弦理论的全息对偶，这两者有时是一回事）。这不由让人想到，当年凝聚态物理领域的对称性破缺机制，被引入粒子物理学领域，从而引发了后者的变革。向其他各个领域输出思想和方法，这是昭示一个领域重要影响力的标志。

作者偶然间进入这个领域，仿佛进入了量子世界的大观园，只见佳木葱茏，奇花闪烁，处处感受到惊喜。本书就是作者想把他感受到的种种惊喜精准地传达给普通的读者，所付出的巨大努力。文章开头所列举的那些惊喜，只是浮在水面上的一部分。魔术揭秘之后往往变得索然无味，但物理学奇迹背后的原理揭秘后，却是更加迷人的惊喜。这是水面下的冰山。这种努力体现为本书层次的丰富性和内容的准确性。正如作者所言："读者只需要中学甚至小学的数学水平，就足以看懂本书的大部分内容。而无论水平多高的读者，也都能在书中发现意料之外的收获。"

为了讲清楚量子信息最前沿的科技进展，作者根据多年的科普经验，想读者之所想，尽力做到通俗易懂，厘清认知误区，同时深度触及各个学科（包括计算机、数学、思维认知，乃至文学、历史、哲学、科幻），必要的时候，直面最根本的第一性原理。

譬如，作者竟然有勇气尝试用非常初等的数学（受过九年义务教育以后残留的数学记忆就够了），来讲述量子力学最基本、最精粹的原理，如量子力学的三大奥义：量子叠加、量子测量、量子纠缠。要做出这样原汁原味的大餐，需要对量子物理学有高屋建瓴的认知。这本身也反映了量子物理学在基本原理层面的简洁与优雅。尽可能简单，但不能更简单（As simple as possible, but not simpler）。

譬如，为了讲清楚量子计算机"九章"，作者从费曼的一个天才想法讲起，从操作层面和理论层面，层层递进，剖析了计算机的基本原理，为读者最终理解"九章"的原理做了很好的铺垫。

再譬如，为了讲清楚量子密码，作者竟有魄力专辟一章，从传统密码学最基本的原理讲起，抽丝剥茧，清晰地展现了传统密码的两难处境：对称密码体制肯定不会被数学破解，但密钥信使是漏洞；非对称密码体制不需要信使，却可以被数学破解。这里也难，那里也难。这种两难处境引出一个十分自然的问题：在巍峨的科技体系中，存在不存在一种东西，既能吸收两者的优点，又能克服它们的缺点？这是一个十分苛刻的要求。在科学发展史的关键节点，经常能见到类似的要求。奇妙的是，正是量子力学，给传统密码学的大厦填补上了缺失的砖块。"只有了解了传统密码的两难处境，才能明白量子密码解决了什么问题。"在量子力学对传统密码学两难困境的这种超脱之中，科技体系的传承性和密不可分的整体性一览无余，普通读者的思维也得到了一次淬炼。这种淬炼大有裨益。科学的发展史与个人的思维认知过程仿佛有一种共同的旋律。没有两难悖论，科学真正的进展就无从谈起；没有困惑疑问，个人也谈不上理解。不愤不启。理解新知识，最关键的地方正是通过不停地提问，将困惑清晰地表达出来。

对于对量子力学和量子信息感兴趣的同学，这是一本值得反复阅读的书。基本的元素确实是简单的、初等的，而要把这些元素拼成符合逻辑的完整图像，读者要付出积极努力。作者已经搭好了层层阶梯，努力做到了内容的自洽与完整。即使遇到听起来唬人的专业名词，也请时刻记住，那只是人为规定的名词。理解这些概念的基本内涵和概念之间初步而重要的关系，是完全没有问题的，尤其是必读内容部分。选读内容部分要求稍微高一些。

本书排版精美，配有大量形象的插图，方便理解，还贴心地标注出所有选读的内容。初读的时候，为了有比较流畅的阅读体验，建议把所有选读的部分略过。要想进一步加深理解，你需要付出一些额外的努力，但你的收获也会不同寻常。

书中有不少地方给人留下深刻印象：

"量子密码攻防的风格是：对方无所不能，而自己是傻瓜。只有在这个前提下防住了，他们才认为找到了解决办法。对敌人如此宽松、对自己如此苛刻的研究，是我生平仅见，从来没见过另外一个领域如此不对等的。"

"量子密码研究者的信心与野心：他们希望依靠量子力学原理，一劳永逸地封杀所有可能的攻击，而不只是当前科技水平下的攻击。"

读到此处，不由让人感叹：什么是自信？这就是自信！什么是性感？这就是性感！

以色列数学家凯莱,预言过玻色子取样永远不可能实现量子优越性。他是这么说的:"设想有一支外星人的军队,比我们强大得多,降落到地球上,要求我们展示5个光子的玻色子取样,否则就摧毁地球。在这种情况下,我们应该调集我们所有的量子工程力量,尝试实现它。但假如外星人要求的是比如说10个光子的玻色子取样,那么我们最好的选择就是尝试攻击外星人。"

而中国科学家的"九章",实现了最高达76个光子的玻色子取样。什么是力量? 这就是力量! 什么是性感? 这就是性感!

总而言之,这本书很好地传达了量子信息科学迷人的精神内涵。也很好地展现了科学家们迷人的风采。这其中也包括很多中国的科学家,他们在今天的中国尚不强大的基础物理学领域,撕开了一个口子,汇聚成了不可阻挡的潮流,做到了国际领先,树立了很好的典范。也许,它包含着对今天的中国而言最宝贵的东西。

——微博科普大 V@科普君 XueShu 雪树

我与袁岚峰的科普缘分

六年前,我在高校当副教授,系主任给我安排了一个任务,筹备开设"量子通信"课程。我是通信教研组组长,"通信原理""信息论与编码""通信新技术""通信安全与保密"等课程都是我开出的,感觉再设置一门新课程也没什么,因此接受了这个任务。

但在筹备中发现了致命问题,理解量子通信的难点在于量子力学,而不是通信。但我对量子力学一窍不通,实在看不懂专业文献,就退而求其次看科普。没想到问题更大了,之前我对量子通信还明白一两分,看了量子通信科普后就彻底懵了。"量子通信超越光速"等说法颠覆了几十年来的专业认知,给我带来了很大困扰。

通信专业本硕博,加上十多年的通信专业教学和科研经验,以信息论为基础的通信理论已经成为了我的信仰,突然被一个新说法颠覆了,这令我不知所措。通过朋友介绍,我找了清华大学、东南大学等研究量子通信的老师,打电话向他们请教,但我听得晕晕乎乎的,他们并没有解决我的疑惑。

后来我在微博上发现了一篇讲解量子通信的帖子，作者是@中科大胡不归（袁岚峰的微博名），我打电话向他请教，我们沟通得很顺畅，他三言两语就解决了我的疑惑。沟通的结果是，我的信息论认知没有错，量子通信也没有推翻任何通信理论，之前令我迷茫的科普是伪科普。

交流后得知他叫袁岚峰，14岁就考入了中国科学技术大学（并不是少年班），是通过高考硬考上的。后来有次跟他一起吃饭，他说高中时拿到了山西省数学竞赛的第二名和化学竞赛的第三名，数学和化学的全国竞赛都能去参加，但由于时间冲突只能去一个。这个话题我这个学渣根本接不住，只好端起碗喝口汤，轻咳了两声算作回应。

其实，我之前也有过向学霸请教的经验，但感觉很不好，对方沉浸在自己的思路中，我根本就听不明白，他也不明白我为什么不明白，我们面面相觑有些尴尬。归根结底，是我们的思维根本就不在一个频道上。但与袁岚峰的交流很不同，他善于举例子打比方，讲的道理我基本能听懂，最关键的是，他能理解我的疑惑在哪里。这么聪明的人，还这么接地气，很难得。

后来，我邀请他到我们学院，给我所在的信息工程系做一次量子通信的学术交流报告。全系的老师和研究生都来了，讲座效果非常好，并不是他们真的听懂了量子通信，而是澄清了很多错误认知，这非常重要！好多老师提出了问题，包括给我下达筹备"量子通信"课程任务的系主任，他的问题显示他没有听懂，现场爆发了理解和共鸣的笑声。

我们的系主任是西北工业大学导航制导专业的博士，其实我们全系的老师都是通信、计算机相关专业的，专业方向都与量子物理相差很远。这个讲座给我们的系主任留下一个印象，量子通信更属于量子物理范畴，而信息工程系的老师们的学术根基是信号与系统、通信原理、数据结构、信息论、控制论……与量子物理不是一回事。

等我再与系主任讨论"量子通信"课程时，他马上表态我们拿不住，于是我的筹备任务也就解套了。其实，邀请袁岚峰老师给我们讲量子通信，目的之一就是让系主任知难而退，效果立竿见影。

我有一个博士同学，在北京负责科技工作，每个月都要组织一场高新科技讲座，他托我帮忙物色相关专家和课程。我给他介绍了袁岚峰，他邀请袁老师在北京某部给军队科技人员做了一个量子通信的讲座。事后我向袁老师透露，这个讲座通过视频的方式，在全军科研机构和数字化部队中播放，影响力远超他的想象。

俗话说得好，"隔行如隔山"，我们学院的老师多是名校工科博士出身，学历和学识已经足够，但在量子物理面前也都是小白，依然需要被科普。能够将复杂科学问题，用通俗易懂的语言讲给外行听，而且还能让外行听明白，这项工作意义重大。能做到这一点的科技工作者凤毛麟角，袁岚峰就是难得的一员。

量子信息很深奥，真正懂的人很少，很多所谓的科普就是谬误，我自身是一名通信专业博士，对与经典科学相悖的伪科普说法能识别出来，但是那些没有相关专业根底的读者，就会很容易被伪科普误导。

袁岚峰的《量子信息简话》，是我所知道的最靠谱、最通俗易懂的量子信息科普图书，我向大家推荐。

——通信专家，中国科普作家协会会员，

微博科普大 V@奥卡姆剃刀　张弛

袁岚峰的《量子信息简话》是量子科普书中的巨大突破

袁岚峰的《量子信息简话》没想到，还真不是一般的科普图书。

首先，书很大，壳子很硬，每页字数不太多，这样的阅读体验非常好，可能是我见过的最好的书。这其实很关键，买书最好还是要有阅读感。

其次，内容上，作者（微博科普大 V@中科大胡不归）真的非常照顾普通读者，尽量加入段子让人轻松理解。但是关键的来了，这种照顾没有放弃深度，也没有放弃数学，更没有放弃准确性和正确性。这是我认为在各类量子科普书中的一个巨大突破：强硬地、技术性地正面突破了量子科普的可怕障碍，又能让人看得懂，甚至因为一些段子的加入而变得有趣。很多"喷"量子的人（一些是朋友），应该来看看基础知识。

我看过很多量子科普内容，但因为没有正经学过量子力学，其实有很多稀里糊涂的地方，关键是不知道自己错了，最后就是知道一些"量子段子"，没有体系性的理解。其实绝大多数科学爱好者都是如此，量子基础知识不行。

这本书有很大的突破,阅读之后真对量子力学体系了解多了,又不用去啃教材(老实啃教材对绝大多数人其实是不可行的)。比如,原子为什么稳定?因为电子能量离散化,最低值卡住了,电子掉到原子核那里能量就变成负无穷,低于最低值不成立。物质为什么硬?因为泡利不相容原理,相同粒子不能挨太近处于同一个状态。金属导电是怎么回事?不是什么自由电子能到处跑(我还胡扯了一通对付好奇的小朋友),而是有个能带理论。

还有不少误解得到澄清。例如,认为量子力学就是模糊扯不清,随机来。错!量子力学预测是非常精确的,能算到小数点后面十位,先天的概率随机性不是模糊。再例如,量子的叠加、测量、纠缠,这里面都有需要精确定义的地方,基础概念需要非常清楚(也可以理解)地没有模糊地确定下来,不然后面吵来吵去就成了鬼扯:基本概念都不清楚。这些都是需要梳理的,也是这本书的核心价值所在。

——亚洲视觉科技有限公司研发总监,
微博大 V @风云学会陈经　陈经

"给所有人"的底气来自何方?

我关注袁老师的抖音很久了,经常看他和他的朋友发表的真知灼见,也在线下听过他的讲座,对他的传奇人生非常钦佩。这次收到他的新书,有几个地方令我眼前一亮。首先是标题,现在的书都流行起这样的标题:给这种人的什么什么,给那种人的什么什么,最多的就是给孩子的什么什么。但袁老师的书是"给所有人"的,而且还是量子力学的内容,可谓底气十足。

翻看之后,我发现书中很多内容我还是看不懂,当然,一看就懂也不是量子力学了。我理解的"给所有人"并不是所有人都能看懂,而是每个人都能从这本书的不同地方收获不同的东西。

比如我作为科普工作者,就非常爱看书的开头对于科学家、民科、"杠精"的大段论述。其中一个观点我非常认同:要想质疑一个专业的科学家、推翻一个主流科学观点,你需要比专业学者懂得更多,而不是更少。

这并不是"我骂电冰箱难道自己要会制冷吗"的问题,因为电冰箱是为你直接服务的,就是为了弥补你不能制冷的缺点而存在的,达不到服务标准,你当然可以骂。而科学理论是服务于特殊领域的,你想质疑,第一步就是好好学习,进入那个领域,而不是躺床上想一会儿想不明白,就拿起手机开骂。

所以,袁老师的这本书,就是让你进入量子力学这个领域的。对物理有基础、有兴趣的人,十分推荐一读。

——科普大 V@无穷小亮　张辰亮

知之为知之,不知为不知,是知也

一本帮你了解量子通信、量子计算、量子雷达等新量子技术的好书。

一个快递包刚好在周末到达,是一本最近有些期待的新书《量子信息简话》。打开扉页,里面还有作者袁岚峰老师的签名。袁老师是网上的科普大伽,这些年花了不少精力给大众普及量子信息的知识。打开这本书的目录,从量子力学的基本概念出发,对量子信息涉及的方方面面介绍得还是很全面的。首先打动我的是第 1 章谈到的科学思维方式,我用自己的语言转述一下:

(1) 如果你想了解一个科技领域,首先应该去读专业教材和论文。

(2) 如果你读不懂专业书和文章,就应该去读或者去听有专业背景的人士的科普介绍,想办法弄懂基本概念和科学研究的结论。

(3) 如果这些你还是不懂或者没有时间去弄懂,就应该承认自己对这个领域处于无知状态。了解自己知识和能力的边界也是一种智慧。

这不仅是对一般人的要求,我们这些受过专业科学训练的人,对一个自己不熟悉的领域,也必须有这样的态度。这是科学的态度,没有人能够万事通,不懂就去请教专家,不能不懂装懂。我们老祖宗也是很讲科学态度的,孔老夫子曰:"知之为知之,不知为不知,是知也。"袁老师自己也是一位很严谨的科学工作者,如果碰到一个自己领域外的问题,他总是会在群里问:有没有这个问题上的专家? 请出来评论一下。

继续看下去,书里充满着袁老师一贯风趣的语言,和他在线下的风趣一样,还有很多精美的插图。至于内容,我自己也都有所收获;一般的读者,对于信息技术和量子力学,可能最多只熟悉其中之一,相信会收获满满。

——弦论与凝聚态物理学家,

微博科普大 V @物理博士看天下　戴瑾

用中国人的文化知识体验讲解科学问题

十年前,一个老专家——美国老头,试图给我科普云计算中的若干技术问题:

专家:这个问题,就好比在橄榄球赛场上,有个队员拿到了球,blah blah……

我:……不好意思,我不懂橄榄球……

专家挠了挠头:我换个说法,比如说在棒球比赛里……

我:对不起,棒球我也不懂……

专家叹着气说:这样啊,那你只好来看这个公式……

在跨文化的科普交流中经常会有类似的场景,就算是看格里宾(John Gribbin)等科普大家的著作时也会有这种感觉。除了通用的数学语言最高效,就应该是基于相似的文化背景和生活经历的共鸣,能带来最好的体验了。

所以袁老师这本书,最友好的地方就是用一个中国人的文化知识体验来讲解科学问题,接地气的小段子信手拈来,《九阴真经》《三国演义》《倚天屠龙记》的不时插入,对我们来说简直是不言自明,再也不用费心去揣摩西方文化中陌生的背景典故了。

另外,科普中也能读出年代感来。同样的历史事实,同样的科学道理,不同年代的作者会不自觉地采用自己最熟悉的类比和叙述方式。就像读林汉达先生的春秋战国故事,和读一些同代人写的春秋五霸故事,一样的历史,却会有完全不同的风味。在这本书里,袁老师的"用魔法打败魔法,用量子打败量子""学渣泪流满面""猪八戒撞天婚""红玫瑰与白玫瑰"等表达都悄悄地透露出一个"75后"内心的零光片羽。

最后,把内容随时分为正文和选读两部分的做法太好了:加减乘除,想读就读;有深有浅,随心任选。这应该成为科普书籍的标准范式啊!

——豆瓣科学爱好者@Art　林新

袁老师科普写作的"三性"

我关注袁岚峰老师的科普有一年多时间了,今年新出的《量子信息简话》涵盖了袁老师几年来多次演讲内容,也集中体现了袁老师写科普的几个特点。袁老师曾写文章提到,有些读者对他科普文章的评价是"通俗易懂",但通俗易懂不是他做科普最显著、最重要的特点。结合《量子信息简话》一书,我想谈谈我理解的袁老师科普写作超出通俗易懂的几个特点。

第一个特点,我姑且称之为"谈话性"。就像有的读者说,读这本书的感觉就像听到了袁老师的视频讲解。读一本书就像跟作者谈话,袁老师的常用语汇包括"你一定听说过……,对吧?""你现在理解到这一步了,很好!""理解到这一层,你就超过99%的人了!"(超过99%的人原来这么简单?!)如果跟着袁老师的思路读书,还不难发现一个高频句型是"你可能会问……",很多时候袁老师推测读者会问的问题,正是我想问的啊!自己的疑问得到了正视和解答,这种感觉非常好。

第二个特点,我认为可以称作"启发性"。量子信息领域涉及很多数量级的问题,比如"一台功率300毫瓦的激光器每秒发出多少个光子",或者"全世界一年产生的数据量有多少"。这些数量级远远超出日常生活的感知范围,在科普写作中经常要借助生活中容易感知的事物尺度进行换算。我是学化工的,书中不时出现的"万亿亿"提醒我数量级很重要。另外,量子纠缠导致测量结果的随机和关联让我想起了"独立"和"不相关"这两个概念的关系(翻出"概率论和数理统计"教材复习一下吧!)。我想,大学学过理工类课程的读者会从袁老师的书里拾掇起更多知识点。

除了具体的知识,袁老师的科普传授更多的是科学思维和科研品位,这个层面在科普作品中价值更高,源于作者自身的科研经验、对科学史的了解、对科学哲学的深度理解,以及广博的阅读量。这个层面超越了具体的专业,任何领域的科研工作者都可以从中获得启发。例如书里引用《你和你的研究》中的一个故事：什么是我的领域里重要的问题？什么使一个问题重要？

第三个特点，我称之为"交融性"。就像"科学网"对本书的介绍：有典故，有历史，有文学，有感悟……我本人大学期间学的是设计类专业，算是一个半路出家的科学工作者，在学业和职业规划方面常常纠结于艺术和科学的差异太大，两段求学经历难以串连和融合。袁老师科普的特点是，通过联想思维将文学融入到科学中，两者"求异存同"。科学和文学的交融让我想起一首诗："把一块泥，捻一个你，塑一个我，将咱两个一齐打碎，用水调和；再捻一个你，再塑一个我。我泥中有你，你泥中有我。"

另外，从袁老师的书中我还学到一个问题的答案：

"数学有什么用？又不能用来买菜！"

"如果没有数学，你买菜的时候钱早就被别人转走了！"

很有说服力的答案！我认为中学生和大学生最好不要问诸如"数学有什么用""文学有什么用"之类的问题，这类问题表面上似乎在提倡"学以致用"，但更多反映了一种逃避学习的心态。这类问题有点类似隐变量理论，看似哲学，但不是很有用。

最后，我改写一句话来概括量子信息领域：唯高算力能颠覆，是真纠缠自随机。

——中国科普作家协会会员　徐泓

准备读第二遍

自从拿到袁老师的著作之后，就见缝插针地阅读，现在分享读后感：

（1）前3章大部分内容都可以读懂，于是信心大增！决定读下去。

（2）从第4章开始，发现内容难度陡然升高到天花板之上很高很高的地方，开始经常被袁老师粗暴地划归"90%""99%""99.9%""99.99%"的人群中。

（3）因为前3章的鼓励和对量子的好奇，所以虽然被百分比一再打击，但仍然坚持读，到前天终于似懂非懂地通读了一遍。信心没有完全被干掉，是因为读到最后发现袁老师著作的结语我又能读懂了，算是一个小糖果。于是准备读第二遍，争取比第一遍多一些收获。

——中国科学院海洋研究所研究员　李新正

有这样的人来搞科普，我对中国的科普事业放心了

一般，能够跨界评论的人少之又少，所谓专业的人做专业的事绝非虚言，尤其是涉及一些科技方面的评论，能够跨界的人就更少了。有些"大家"言之凿凿地说三道四，忽悠外行还真的像回事儿，而一旦遇到内行，立马原形毕露。就好像前段时间记不得哪所大学的一个教授，竟然申请研究课题要推翻爱因斯坦的相对论。如果外行人看他的解释可能会觉得颇有一些道理，但内行人一看就知道这个人在胡闹，所以除了留下一个"民科"笑柄，这位教授一无所获。不过，用膝盖想想就知道，这个结果应该是不出意料的。

好在，有一股非常清奇的力量随时在与这些"民科"战斗，那就是科普作者，而本书作者袁岚峰便是个中翘楚。知道袁岚峰，一是经常在微博上阅读他写的文章或者他转发的文章，二是偶尔会收看他在西瓜视频上的科普视频节目"科技袁人"，都颇有收获。所以，当看到这位科普大咖出书了，就毫不犹豫下单买了一本。

尽管从照片和视频上看袁岚峰不是太帅——袁老师恕罪——但在科普界可是大名鼎鼎，"帅"出了天际线，这本书可以作为明证。我作为一个自以为还年轻但在别人眼里已经是老朽一枚的20世纪80年代毕业的大学生，对量子力学一直怀有那么一点好奇心，因为各种各样的传说太多了，有的真是神乎其神。曾经看到过一个大学同学在群里信誓旦旦地声称潘建伟是一个专骗科研经费的大骗子，量子通信是妖术——我学的专业就是无线电通信——明知道他在信口雌黄但却无从反驳。不过，通过阅读这本书，所有的疑问一扫而光，下次这位同学再胡说八道，我就"把这本书甩他脸上"。尽管书中很多公式、数学知识实在没工夫去认真研究了，那需要极大的耐心，还要有充足的时间，从初中数学一直到大学数学重新复习一遍，什么微积分、行列式、解析几何、拉普拉斯变换等，太费脑子了，算了！即使如此，也懂了不少，尽管达不到忽悠别人的水平，但基本

不会再被别人忽悠了。

本书是从"量子"是什么开始讲起的:"量子(quantum)的定义是这样的:一个事物如果存在最小的不可分割的基本单元,我们就说它是'量子化'(quantized)的,并把最小单元称为'量子'。用专业语言来说,量子就是'离散变化的最小单元'。"基本上学过高中数学的人都能看懂这句话。而且,如果说到某一种量子,一定是针对具体事物来说的,所以一个量子不一定是很小的事物,比如对人类来说,一个人可以说就是一个量子。在微观世界,量子化是一个基本特征,便要用到量子力学,而传统的牛顿力学便被称为经典力学。量子力学的适用范围要大于经典力学,所以,当经典力学与量子力学对同一种事物有不同解释时,一定是量子力学正确。

在我知道了(我不敢说"理解了")量子和量子力学的基本定义后,作者着重介绍了量子力学的发展,而因为量子信息的大发展,似乎与普通人还比较接近,所以实际上普通人所听说的量子科技就是量子信息。量子信息分为三个领域:量子通信、量子计算、量子精密测量。对量子信息来说,量子力学值得利用的主要有三点,即叠加、测量、纠缠,作者将这三点称作量子力学的"三大奥义"。

对于量子叠加,量子比特是其中精髓。相对于以往所知道的只有 0 和 1 两个状态的比特,量子比特却有无数个状态,知道这一点非常重要。尽管量子比特有无数个状态,但任何一个状态都可以表示为两个基本状态的叠加。

对于量子测量,其精髓在于其真正的随机性。这一个奥义可能很多人不一定能够读懂,我在读了以后有点只可意会不可言传的感受。在宏观世界,测量是对一个有确定性质的物体进行各个维度的了解,但在量子力学中,测量本身就成了影响事物性质的因素,就"可能造成不可逆的变化"。"测量时的突变是量子力学中最神奇的地方之一。"而且,"测量时为什么会突变? 对不起,我们不知道,目前我们只能确认,这条原理是正确的。"对我来讲,这句话才是最神奇的,这有可能是很多民科诬称量子力学是妖术的原因之一。读到这里时,我联想到薛定谔的猫是不是也是从这个角度解释的? 就是说打开薛定谔的那个箱子时,打开的过程对箱子里的猫是死是活都会有影响,而且这个影响是真正随机的,所以任何人永远不可能预料箱子里的猫打开后是死是活。至于为什么量子测量有着真正的随机性，为什么说以往数学中学过的随机性是假随机，书中有详细阐述，我好像似懂非懂，在此就不胡说了。

至于量子纠缠，可能是很多人听到最多的关于量子的词语，但估计极少会有非专业人士能够解释清楚。要想搞清楚量子纠缠，首先要搞清楚上面提到的量子叠加和量子测量，然后就能看懂作者的解释。像前面一样，我读得似懂非懂，好像理解了一点，但无法用自己的语言表述出来。我能够记住的关键有两点：一是量子纠缠并不神秘，不是什么超时空的感应；二是量子纠缠不是超光速行为。因为量子纠缠不传输信息，"处于纠缠态的两个粒子是一个整体，绝不能把它们看作彼此独立无关的，无论它们相距多远。当你对粒子1进行测量的时候，两者是同时发生变化的，并不是粒子1变了之后传递一个信息给粒子2，粒子2再变化。所以这里没有发生信息的传递，并不违反狭义相对论。"对我来讲，知道这些就够了。如果想要了解更多，就需要耐下心来好好研究，好好思考，太烧脑，我想还是算了吧。

在介绍了上述基本内容后，为便于普通读者理解，作者本着先易后难的原则，先讲了量子计算，再讲量子通信。

关于量子计算。经常在网上或者新闻上看到量子计算比经典计算快亿亿倍，很自然就会想到如果用量子计算机传输信息或者打游戏岂不更爽？错！因为一是量子计算只是解决特定问题的，如果用量子计算机与经典计算机比赛计算加减乘除，肯定会输；二是基于上述第一个特点，量子计算机在某个特定任务上会大大超过经典计算机的计算速度，此为量子优越性，亦即量子霸权；三是截至目前，量子计算机尚未实现实用，但不能因为尚未实用就放弃这样的研究。想当初蒸汽火车还没有马车快呢！"所以量子计算的重要性，在于它可能快速解决传统计算机无法有效解决的问题，而不是以另一种方式去解决那些本来就可以快速解决的问题，如加减乘除。"令人感到振奋的是，实现量子计算有两个途径：一是利用光子，中国的原型机是"九章二号"；二是利用超导，中国的原型机是"祖冲之二号"，而在这两个途径上中国都处于世界领先位置（最新消息）。

关于量子通信。"最具科幻色彩的量子信息技术：量子隐形传态"，这是本书第6章的标题。每个字都认识，但不知道是什么意思，读了书中内容，我只能说，嗯，还是不知道。但是，在量子通信领域，已经有了实用化的信息技术，即量子密码。针对这一部分，我知道了以下三点：一是人类现在竟然能够操纵单个光子，太神奇了。不过有一个疑惑：高中物理学过，光有波粒二象性，那么，一个光子肯定也应该具有波粒二象性。在使用一个光子时，无论是作为量子计算还是量子通信，使用的是光子的波动性还是粒子性呢？从介绍来看，应该是粒子性，那么光子的波动性是不存在了还是被忽略了呢？（请教袁岚峰后得知：实际上是同时用到了波动性和粒子性，例如玻色子取样里提到的洪-区-曼德尔凹陷就是多光子的干涉，干涉就是波动性的典型现象。如果单纯只用粒子性，那么拿个小球也能做，这样的实验肯定变不出什么花样，不可能实现神奇的效果。）二是所谓的量子通信，像"京沪干线"，是用量子信道产生密钥，经典信道传输密文。为什么不直接用量子信道传输密文呢？因为量子信道不能传输信息，它只能产生一段随机字符串，作为密钥。至于是个什么样的字符串，说起来太复杂了，看书去！三是理论上用量子计算可以破解所有基于数学原理编制的密码，那么以子之矛攻子之盾呢？亦即用量子计算破解量子密码会是什么结果？结论是只要量子力学的理论不被推翻，量子密码就是不可破解的。当然，如果有人非要从哲学角度认为这种结论是不对的，那另当别论。基于上述理论，目前竟然已经有了量子手机，不过，我想普通人大抵是用不上的。当然，有钱人的世界我们不懂，如果有人真的愿意花钱买一个来用也不是不可能，只是作为普通人，对保密通话的要求似乎还没这么高。

在量子精密测量方面，中国虽然近年来取得了很多成果，但总体上还落在欧美后面。相信中国会逐渐赶上来的，对此我可以不相信自己，但绝对不能不相信潘建伟那些科学家们。

袁岚峰这本书的风格与其视频中的语言风格一样，诙谐幽默，甚至像讲段子一样解释了不少深奥的道理，确实值得一读。他14岁考入了中国科学技术大学，23岁获得博士学位，简直是神一般的存在。有这样的脑子的人来搞科普，我对中国的科普事业就放心了！

——中石化炼化工程（集团）股份有限公司教授级高级工程师　孙松泉

面包坊里新鲜出炉的面包，散发着诱人的香气

袁老师，昨天购买的您的《量子信息简话》一书到了，我用了 1.5 天的时间，边读边想，几乎一口气读下来，自觉过了一个非常有意义的元旦。现将读后感简单地向您汇报一下：

首先，这本科普书，竟然让我一个已毕业 20 年（今年 43 岁），从事普通工厂厂长岗位的普通本科生读懂了。

其次，以前很多科普书，插图几乎 100% 是国外的学者与科学家，您的这本书，有了潘建伟等中国科学家，我为祖国的科技进步由衷地感到自豪。希望越来越多的中国科学家的面孔出现在各行各业的书籍上，这会大大增强我们的民族自豪感，特别是对现在的孩子，从小就让他们树立民族自豪感，这对他们的成长是非常有好处的。

再次，以前看到的很多科普书，大多都是 18 — 20 世纪的知识，这本书最新的知识点竟然到了 2021 年 3 月份，就像面包坊里新鲜出炉的面包，散发着诱人的香气。

我在读这本书之前，已经看过袁老师的很多视频，以至于在读这本书的时候，竟然不自觉地在脑子里回荡着袁老师的音调、语气和节奏感，哈哈哈，感觉自己也成了半个专家。

顺便向您和中国科学技术大学的领导们提个建议，在不涉及泄露机密的前提下，能否组织科技爱好者的开放活动，让我们可以参观"九章"以及"人造太阳"等，然后在现场听听科学家们的讲座。我的天，我是不是要求的过分了？ 如果真的有这样的活动，我一定第一个报名参加。

最后，衷心地祝我们的科学工作者们，新年快乐，身体健康！

—— 微微亮一束光

欣接《量子信息简话》大作，十分感谢！ 数理科学和生物、地理不同，更需要有乔治·伽莫夫（George Gamow）一类的行家出手，才能把不那么直观的事情说清楚。

——中国科学院院士，同济大学教授　汪品先

什么是大众喜爱的科普图书？大众喜爱喜欢的科普图书应该在授读者以"鱼"的同时还能"授之以渔"，在读者掌握科学知识的基础上，引导他们正确运用科学知识，培养科学思维，提高科学素养。袁岚峰博士的首部科普图书《量子信息简话》正是这样的一本图书，于 2021 年 10 月 23 日正式发行，首印已经售罄。

什么是"量子"？什么是"量子信息"？如何辨别量子信息领域的"科学"和"谣言"？要想弄清楚这些问题，首先要建立正确的思维方式。袁岚峰在《量子信息简话》中阐述了这个问题。具体的科学知识好比金子，科学的思维方式好比点金术的手指。

——中国社会科学院科学与无神论研究中心主任　习五一

这是当前铺天盖地而来的重要话题，而又是一般公众望而生畏不敢涉猎的话题。我虽然在大学时代旁听过量子力学，但早已还给老师了。即使记得也是六十多年前的过时知识了。现在想知道，但又鼓不起勇气再找本新的量子力学教书来读，而短的科普文章则只能知道结论，无从判断是否有理。所以这本书极其应时。我觉得就像为我这样的有很强的好奇心、又不满足于知其然而还想知其所以然的外行读者量身定做的！

——复旦大学生命科学学院退休教授，脑科学科普作家　顾凡及

已收到袁岚峰博士亲笔签名的大作《量子信息简话》，多谢多谢！正好最近也想系统了解一些量子科技领域的基础和进展。由于潘建伟院士的影响力，作为一名中国科大人，在会议或聚会时就会被问起量子科学方面的话题，不管是被动还是主动，都得掌握一点相关知识。拿到这本大作，我迫不及待地翻阅了一下，可以算是最专业的系统化通俗读本了，是夜明珠，是及时雨，更是黄金屋。待这几日虔心品读，细细消化，不解之处再向岚峰兄请教。再一次表示感谢。

——1978 级中国科学技术大学少年班校友，

前紫光集团总裁　郭元林

今日收到袁岚峰博士的《量子信息简话》，颇为高兴。我与袁博士认识多年，他长期坚持做好科普，并快速成为了科普大 V，可喜可贺。本书立足于高中数学水平清晰地讲解了量子技术，把很多新概念、新问题讲得很清楚，同时又很严谨，稍微有点烧脑，推荐具有高中及其以上数学水平的读者阅读。

——青年经济学家，中国人民大学经济学博士　李晓鹏

收到袁老师赠书，他好像真的想教会我量子是什么。这本书还真是给零基础爱好者看的，语言深入浅出，下次写科幻小说说不定能用上几个知识点。

——著名网络作家　七英俊

内容耐看，条理清晰，有袁老师的一贯风格！另外，印刷也很精美！

——中国科学院自然科学史研究所研究员，

爱因斯坦研究专家　方在庆

袁老师的新书太精美啦，我一定认真学习！

——新华社安徽分社政文采访部主任　徐海涛

量子科技是新一轮科技革命和产业变革的前沿领域，我国特别是安徽在量子科技上取得了一批具有国际影响力的重大创新成果，非常期望在安徽省科技馆新馆中开展量子科技主题展览。收集了大量资料，仍感觉难度太大。

认真拜读了袁岚峰博士的《量子信息简话》，对原来感到晦涩难懂的知识有了更直观地理解，一直以为虚无缥缈的量子力学其实早就在我们生活之中得到了应用。我进一步提高了推动量子科技发展的认识，坚定了在安徽省科技馆建设量子科技展厅的决心，增强了传播量子科学知识的信心。

——安徽省科学技术馆馆长　方波

量子科学出版工程

量子飞跃:从量子基础到量子信息科技 / 陈宇翱　潘建伟

量子物理若干基本问题 / 汪克林　曹则贤

量子计算:基于半导体量子点 / 王取泉　等

量子光学:从半经典到量子化 / (法)格林贝格　乔从丰　等

量子色动力学及其应用 / 何汉新

量子系统控制理论与方法 / 丛爽　匡森

量子机器学习 / 孙翼　王安民　张鹏飞

量子光场的衰减和扩散 / 范洪义　胡利云

编程宇宙:量子计算机科学家解读宇宙 / (美)劳埃德　张文卓

量子物理学.上册:从基础到对称性和微扰论 / (美)捷列文斯基　丁亦兵　等

量子物理学.下册:从时间相关动力学到多体物理和量子混沌 / (美)捷列文斯基　丁亦兵　等

世纪幽灵:走进量子纠缠(第2版) / 张天蓉

量子力学讲义 / (美)温伯格　张礼　等

量子导航定位系统 / 丛爽　王海涛　陈鼎

光子-强子相互作用 / (美)费曼　王群　等

基本过程理论 / (美)费曼　肖志广　等

量子力学算符排序与积分新论 / 范洪义　等

基于光子产生-湮灭机制的量子力学引论 / 范洪义　等

抚今追昔话量子 / 范洪义

果壳中的量子场论 / （美）徐一鸿(A. Zee)　张建东　等
量子信息简话:给所有人的新科技革命读本 / 袁岚峰
量子系统格林函数法的理论与应用 / 王怀玉

量子金融:不确定性市场原理、机制和算法 / 辛厚文　辛立志